特种设备事故分析与风险警示

(2017—2019)

国家市场监督管理总局特种设备事故调查处理中心组织编写

主　编　孙仁山

副主编　王　辉

主　审　谢铁军

中国劳动社会保障出版社

图书在版编目(CIP)数据

特种设备事故分析与风险警示：2017-2019/孙仁山主编. --北京：中国劳动社会保障出版社，2021

ISBN 978-7-5167-5043-8

Ⅰ.①特… Ⅱ.①孙… Ⅲ.①设备事故-研究-中国②设备事故-事故预防-中国 Ⅳ.①X931

中国版本图书馆 CIP 数据核字(2021)第 174360 号

中国劳动社会保障出版社出版发行

(北京市惠新东街 1 号 邮政编码：100029)

*

北京市白帆印务有限公司印刷装订 新华书店经销

880 毫米×1230 毫米 32 开本 5.625 印张 122 千字

2021 年 9 月第 1 版 2021 年 9 月第 1 次印刷

定价：45.00 元

读者服务部电话：(010) 64929211/84209101/64921644

营销中心电话：(010) 64962347

出版社网址：http://www.class.com.cn

特种设备事故分析与风险警示
（2017—2019）

编写委员会

编　委：谢铁军　孙仁山　王　辉　邹海云
曹宏伟　梁　骁　须　雷　吴兴华
王海波　成德芳　罗伟坚　胡津康
钱林峰　甘　斌　牛旷野　冯　彬
刘小东　许秀东　施鸿均　谷凤云
李绪丰　朱昌明　黄文和　杨景标
朱君君　潘志浩　赵　亮　杨　洋
全　薇　石　竹　张宇翔　刘牧玲

主　编：孙仁山

副主编：王　辉

主　审：谢铁军

前 言

为做好特种设备事故预防等安全监管工作，在国家市场监督管理总局（以下简称总局）特种设备安全监察局的直接领导下，中国特种设备检测研究院（总局特种设备事故调查处理中心）组织行业专家对各地上报的特种设备事故经过和事故原因等材料予以分析研究，对事故致因进行深度挖掘、归纳提炼，查找事故演化规律，从人、机、环三个维度进行风险辨识，从事故中总结经验教训，并着重从本质安全角度，提出整改措施建议，防范系统性、共性风险，实现事故统计由数量统计向质量统计、由综合统计向分类统计的转变。

编写委员会对资料整理、编写大纲、分类撰稿、统稿审核等进行了明确分工，在保证体例基本一致的前提下，各章内容根据各类特种设备的特点有所调整。

本书由孙仁山主编，谢铁军主审。全书共分为十章，第一章“特种设备事故总体情况”由邹海云整理编写，第二章“锅炉事故原因分析及风险警示”由成德芳、刘小东、曹宏伟、钱林峰整理编写，第三章“压力容器事故原因分析及风险警示”由罗伟坚、冯彬、潘志浩整理编写，第四章“电梯事故原因分析及风险警示”由梁骁、甘斌、牛旷野、施鸿均、朱昌明、黄文和整理编写，第五章“起重机械事故原因分析及风险警示”由须雷整理编写，第六章“大型游乐设施和客运索道事故原因分析及风险警示”由王海波、胡津康、赵亮整理编写，第七章“场（厂）内专用机动车辆事故原因分析及风险警示”由吴兴华、许秀东整理编写，第八章“气瓶事故原因分析及风险警示”由冯彬、朱君君、谷风云整理编写，第九章“压力管道事故原因分析及风险警示”由谷风云、李绪丰、杨景标整理编写，第十章“报告总体结论”由邹海云、王辉整理编写。全书由邹海云、王辉进行统稿。

本书所支持的课题为国家重点研发计划 2016YFC0801906。

此外，本书的案例研究仅是基于各地上报的事故结案报告和收集的社会影响较大的相关事故通报等材料进行的分析，由于各地事故调查处理能力与资料整理上报的完整性尚存在差异，研究内容具有一定的局限性，尚不能作为特种设备事故定性和责任认定的依据。同时，尽管编写委员会基于专家经验对相关内容进行了适当研判和修正，但由于编者们编写水平有限，书中不足之处，恳请读者批评指正。

编写委员会

2020 年 4 月

目 录

第一章 特种设备事故总体情况

1.1 事故总体情况[①]

2017—2019年，各地通过全国特种设备事故管理系统报送事故和相关事故共计487起，死亡454人，受伤241人，平均每月发生13.5起事故，平均每起事故死亡0.9人。2017—2019年特种设备事故总体情况如图1.1所示。

从图1.1可以看出，事故数量由2017年的190起降到了2019年的130起，降幅达31.6%；死亡人数由2017年的182人降到了2019年的119人，降幅达34.6%；受伤人数由2017年的132人降到了2019年的49人，降幅达62.9%。三年来，事故数量及伤亡人数均呈下降趋势，未发生重特大事故，特种设备安全形势总体平稳。

细分事故设备类别得出，机电类设备事故居多，排名前三位

① 本书所统计的特种设备事故仅限于各地市场监督管理部门通过全国特种设备事故管理系统报送的事故及相关事故，不包含“两工地”（即房屋建筑工地、市政工程工地）事故。

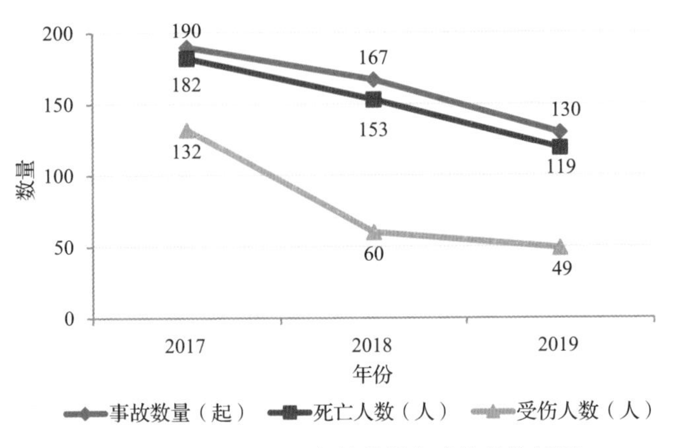

图 1.1　2017—2019 年特种设备事故总体情况

的事故设备依次是场（厂）内专用机动车辆、电梯、起重机械，三年累计分别为 156 起、120 起、119 起，三者合计占事故总数的 81.1%；死亡人数三年累计分别为 144 人、92 人、121 人，占死亡总人数的 78.6%；受伤人数三年累计分别为 27 人、29 人、15 人，占受伤总人数的 29.5%。具体分类统计情况如图 1.2～图 1.4 所示。

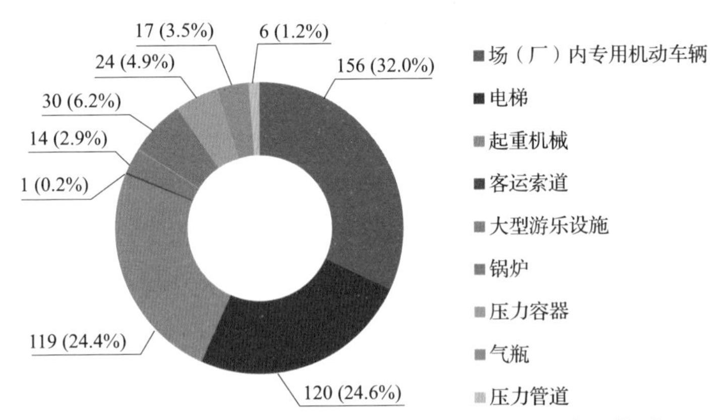

图 1.2　2017—2019 年各类特种设备事故数量及占比情况

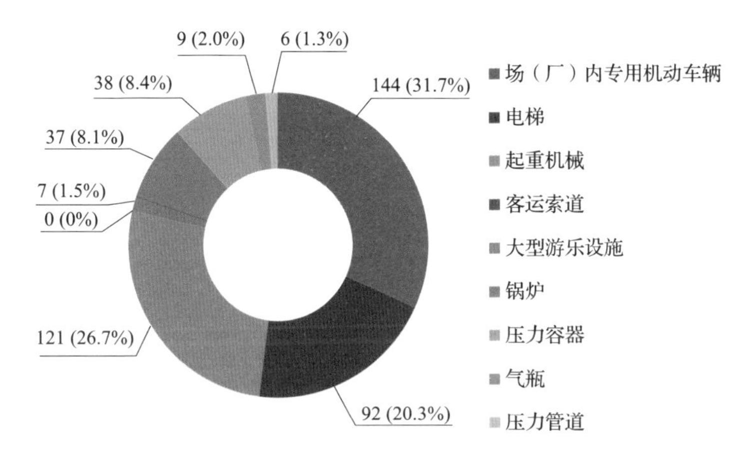

图 1.3　2017—2019 年各类特种设备事故死亡人数及占比情况

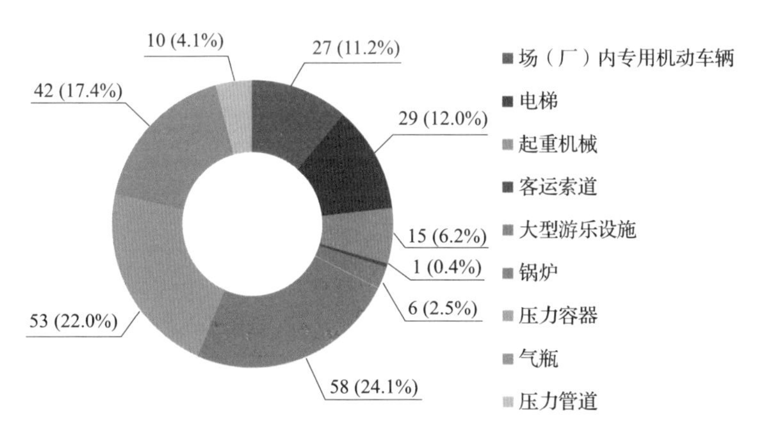

图 1.4　2017—2019 年各类特种设备事故受伤人数及占比情况

对受伤人数进行统计，结果表明，承压类特种设备事故数量三年累计为 77 起，占事故总数的 15.8%；受伤人数为 163 人，占比高达 67.6%，说明一旦发生较高级别的承压类特种设备事故，极易造成群死群伤的后果。

1.2 事故占比情况

1.2.1 锅炉事故统计

2017—2019年锅炉保有量逐年下降，事故死亡人数稳中有降，万台设备事故率同比上升，万台设备死亡率同比降低，但高于特种设备整体水平。具体统计情况如图1.5~图1.8所示。

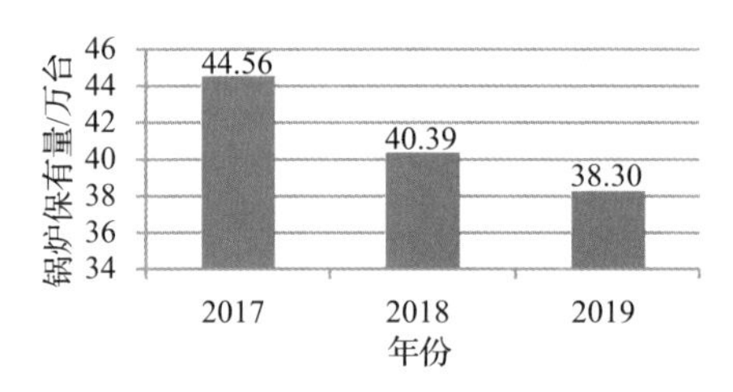

图1.5　2017—2019年锅炉保有量

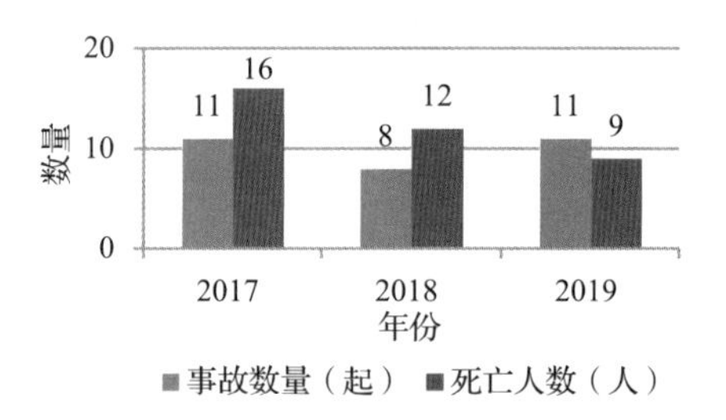

图1.6　2017—2019年锅炉事故数量及死亡人数

1.2.2 压力容器事故统计

2017—2019年压力容器保有量呈逐年上升趋势，事故数量、死亡人数逐年降低，万台设备事故率及死亡率同比降低，“两率”

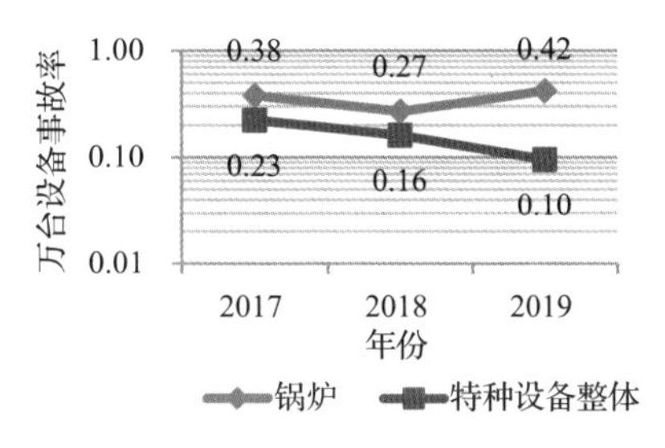

图 1.7　2017—2019 年锅炉万台设备事故率

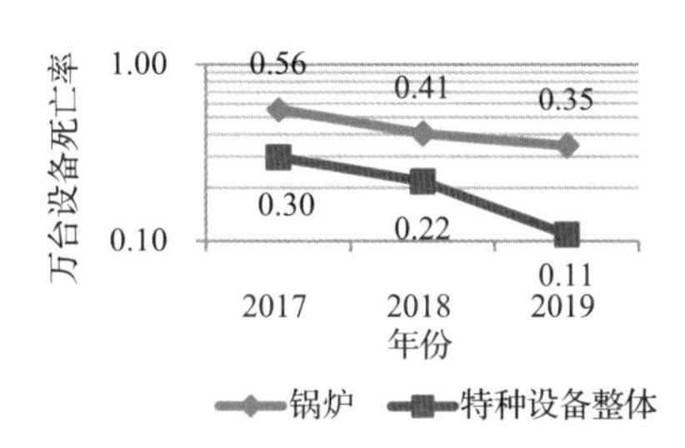

图 1.8　2017—2019 年锅炉万台设备死亡率

(指设备事故率及死亡率，下同）均远低于特种设备整体水平。具体统计情况如图 1.9～图 1.12 所示。

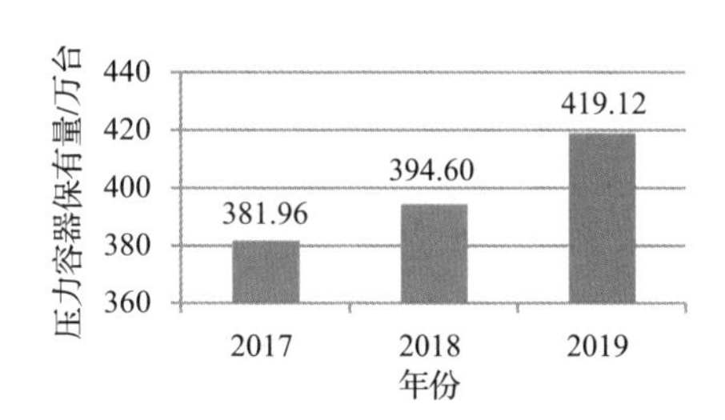

图 1.9　2017—2019 年压力容器保有量

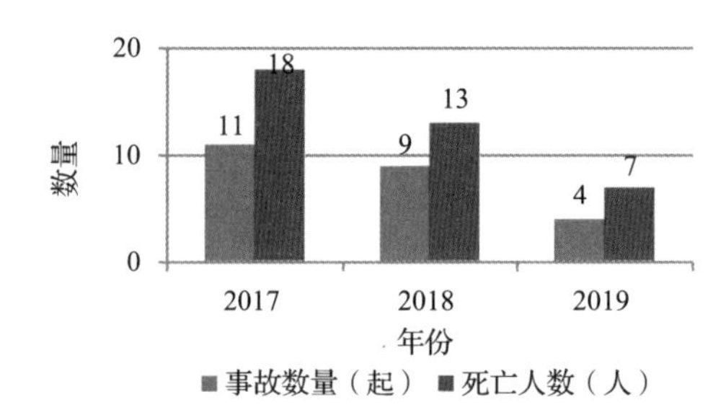

图 1.10　2017—2019 年压力容器事故数量及死亡人数

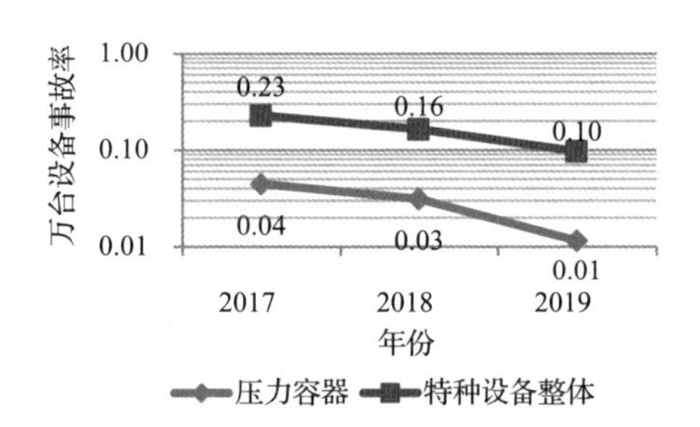

图 1.11　2017—2019 年压力容器万台设备事故率

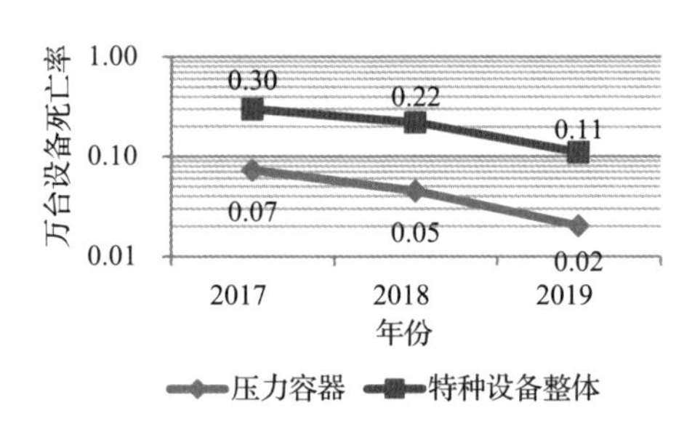

图 1.12　2017—2019 年压力容器万台设备死亡率

1.2.3　电梯事故统计

随着国民经济的不断增长，2017—2019 年电梯保有量呈逐年递增趋势，但是事故数量、死亡人数、“两率”稳中有降，“两率”均低于特种设备整体水平，安全状况整体良好。具体统计情况如图 1. 13~图 1. 16 所示。

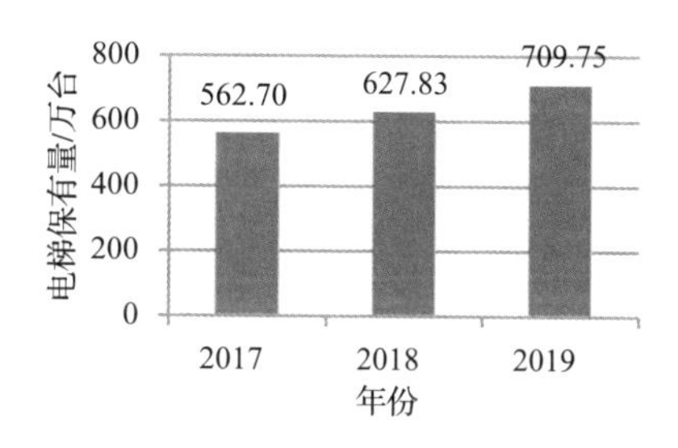

图 1. 13　2017—2019 年电梯保有量

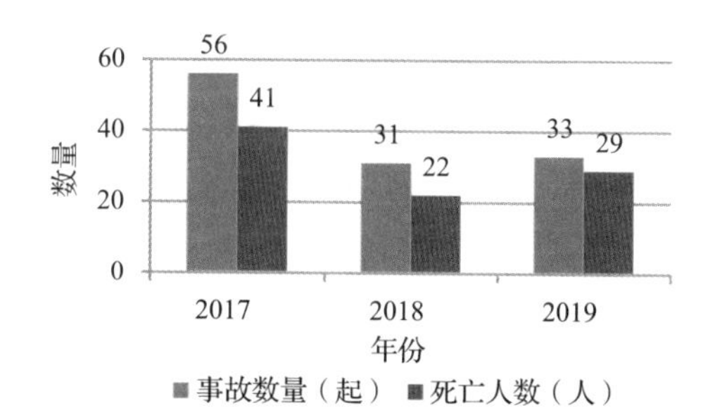

图 1. 14　2017—2019 年电梯事故数量及死亡人数

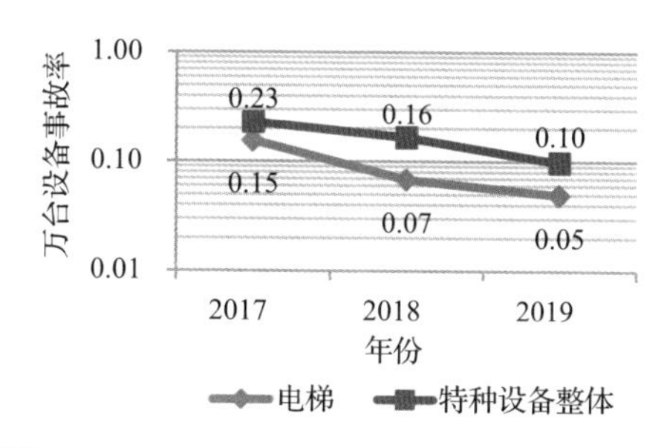

图 1. 15　2017—2019 年电梯万台设备事故率

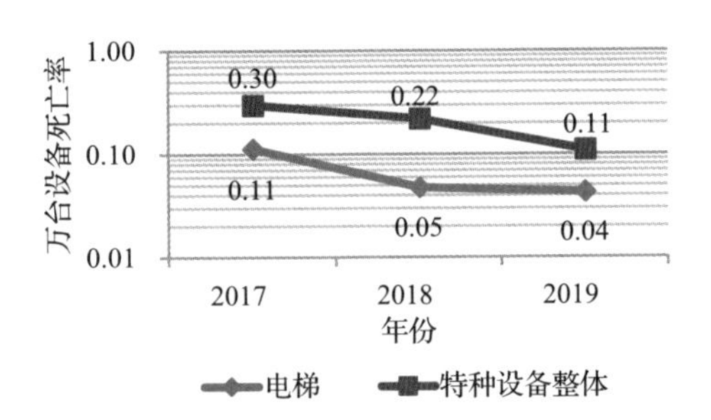

图 1.16　2017—2019 年电梯万台设备死亡率

1.2.4　起重机械事故统计

2017—2019 年起重机械保有量呈逐年递增趋势，事故数量、死亡人数稳中有降，万台设备事故率及死亡率同比降低，但稍高于特种设备整体水平。具体统计情况如图 1.17～图 1.20 所示。

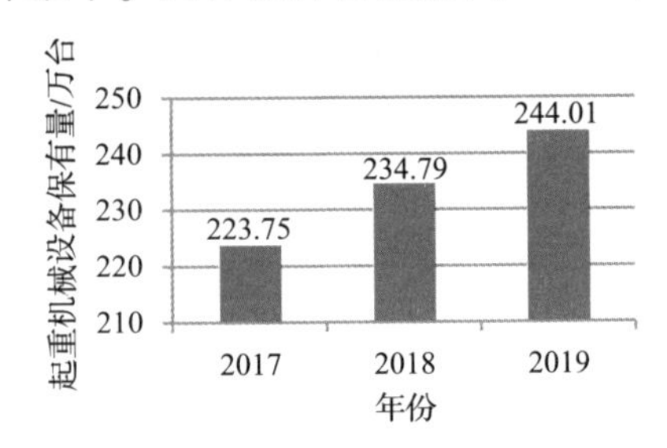

图 1.17　2017—2019 年起重机械设备保有量

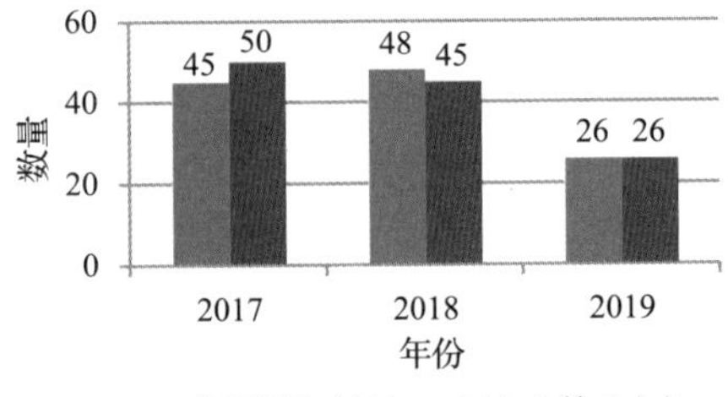

图 1.18　2017—2019 年起重机械事故数量及死亡人数

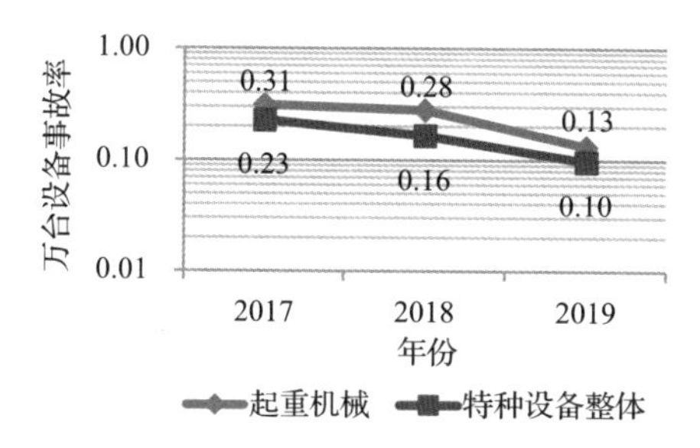

图 1.19　2017—2019 年起重机械万台设备事故率

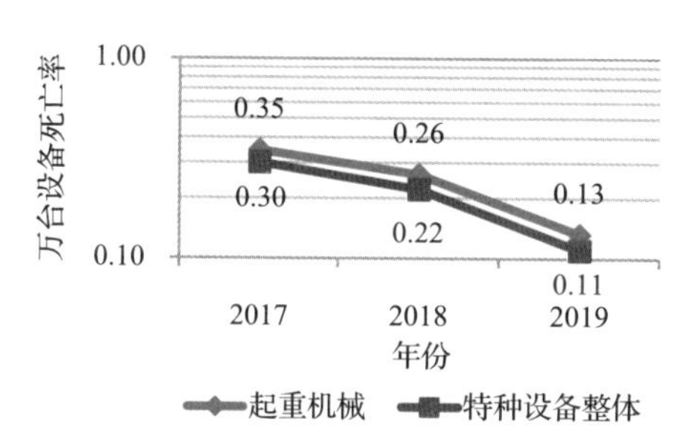

图 1.20　2017—2019 年起重机械万台设备死亡率

1.2.5　大型游乐设施事故统计

2017—2019 年大型游乐设施事故数量呈上升趋势，死亡人数稳中有降，万台设备死亡率呈降低趋势，但远高于特种设备整体水平。具体统计情况如图 1.21～图 1.24 所示。

1.2.6　客运索道事故统计

2017—2019 年客运索道保有量同比变化不大。由于设备保有量数值较小，一旦发生事故，万条设备事故率则远远高于特种设备整体水平。具体统计情况如图 1.25～图 1.28 所示。

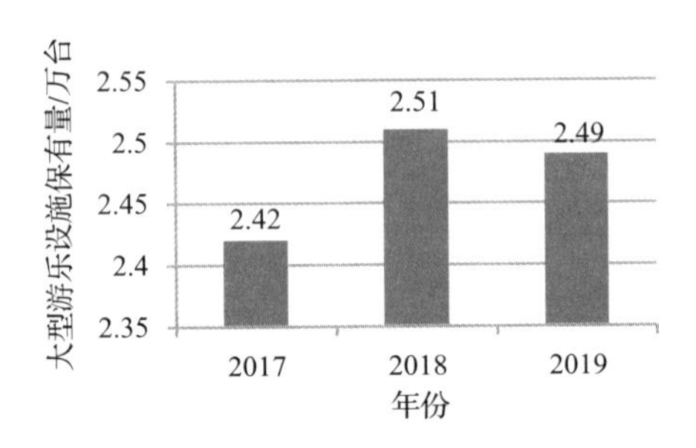

图 1.21　2017—2019 年大型游乐设施保有量

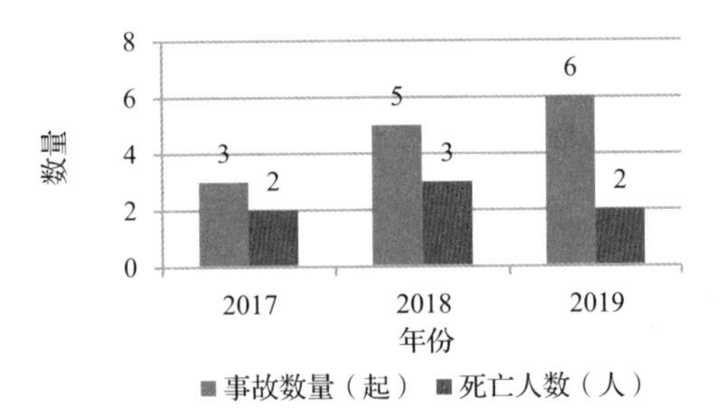

图 1.22　2017—2019 年大型游乐设施事故数量及死亡人数

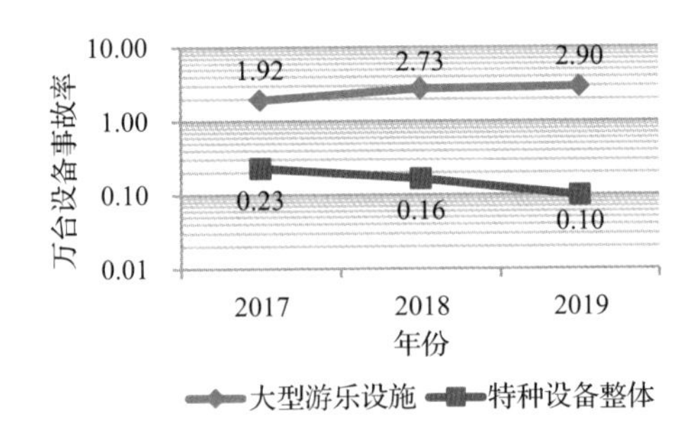

图 1.23　2017—2019 年大型游乐设施万台设备事故率

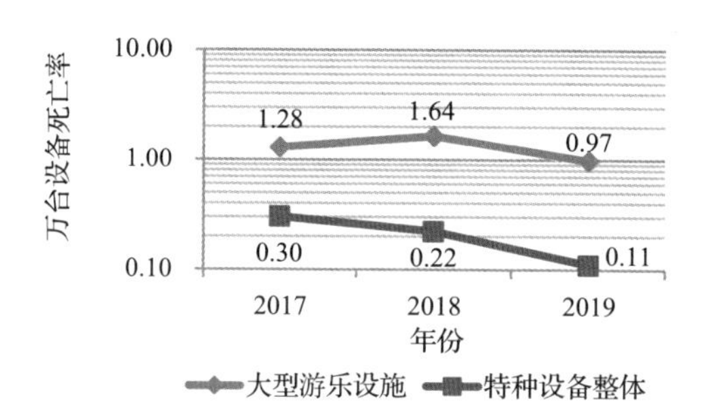

图 1.24　2017—2019 年大型游乐设施万台设备死亡率

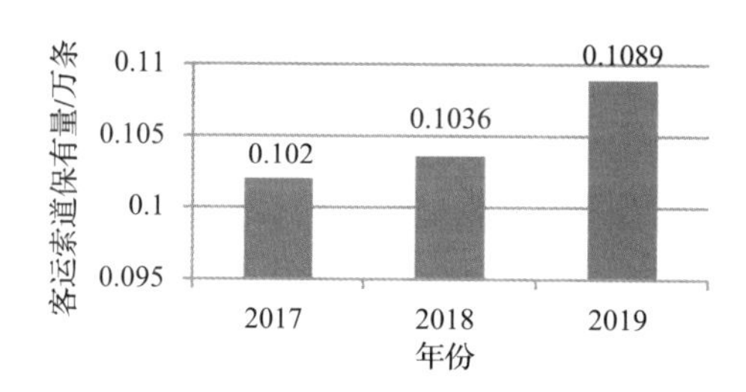

图 1.25　2017—2019 年客运索道保有量

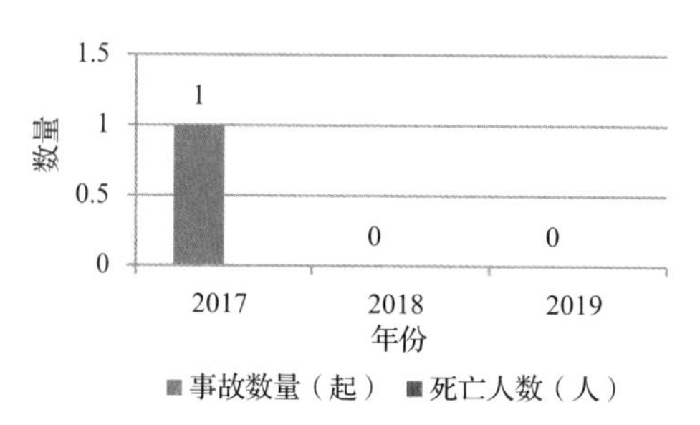

图 1.26　2017—2019 年客运索道事故数量及死亡人数

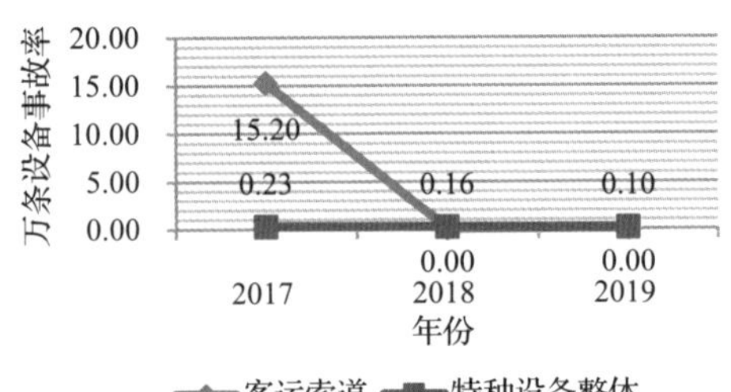

图 1.27　2017—2019 年客运索道万条设备事故率

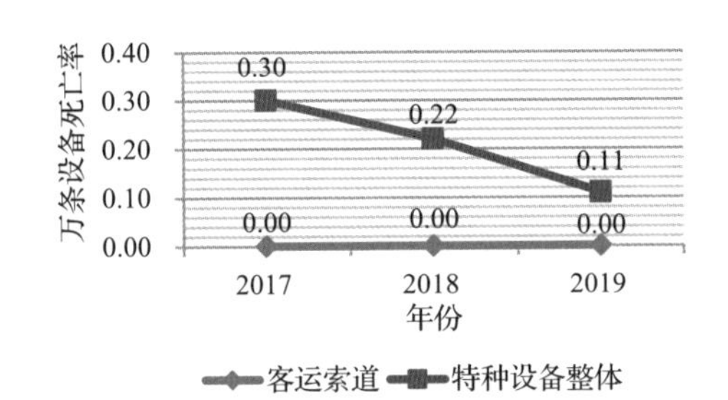

图 1.28　2017—2019 年客运索道万条设备死亡率

1.2.7　场（厂）内专用机动车辆事故统计

2017—2019 年场（厂）内专用机动车辆保有量呈逐年递增趋势，事故数量、死亡人数稳中有降，万台设备事故率及死亡率同比降低，但远高于特种设备整体水平。具体统计情况如图 1.29～图 1.32 所示。

1.2.8　气瓶事故统计

2017—2019 年气瓶保有量呈逐年上升趋势，事故数量、死亡人数稳中有降，百万支气瓶事故率同比降低，低于特种设备整体水平。具体统计情况如图 1.33～图 1.36 所示。因气瓶“两率”

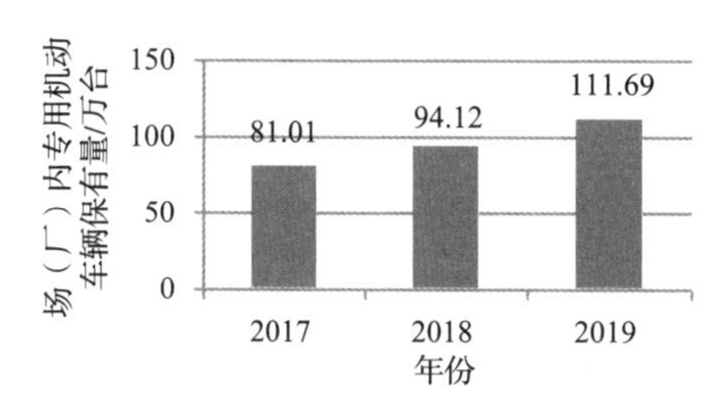

图 1.29　2017—2019 年场（厂）内专用机动车辆保有量

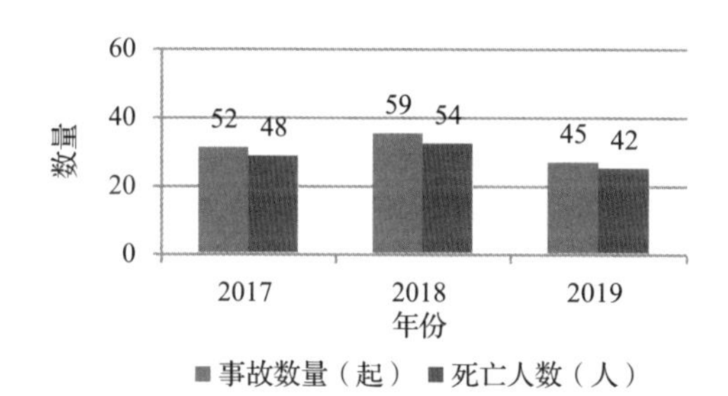

图 1.30　2017—2019 年场（厂）内专用机动车辆事故数量及死亡人数

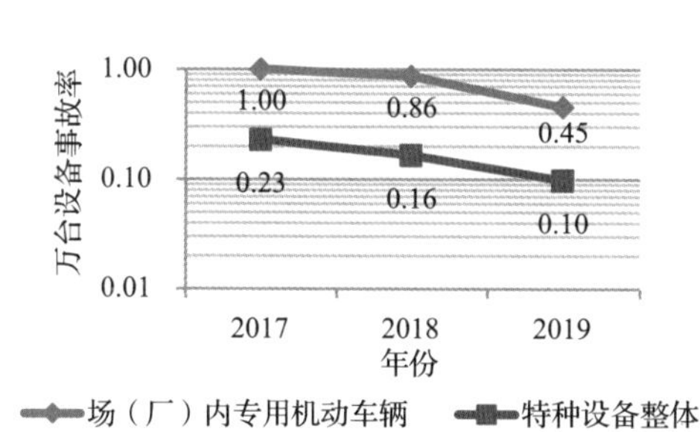

图 1.31　2017—2019 年场（厂）内专用机动车辆万台设备事故率

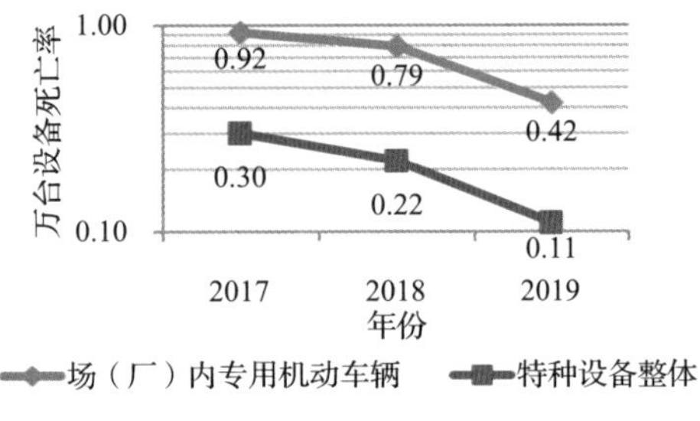

图 1.32　2017—2019 年场（厂）内专用机动车辆万台设备死亡率

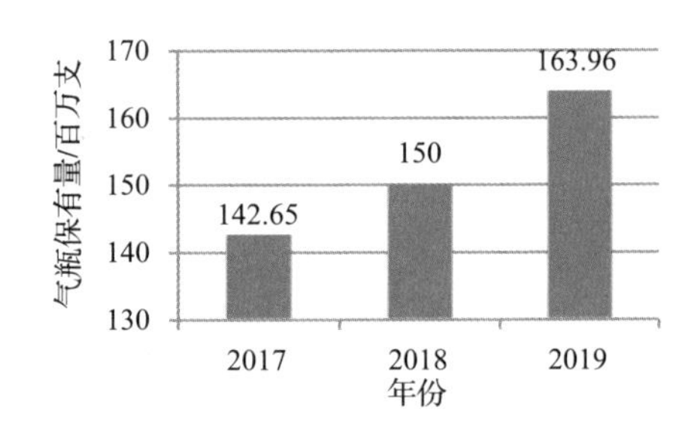

图 1.33　2017—2019 年气瓶保有量

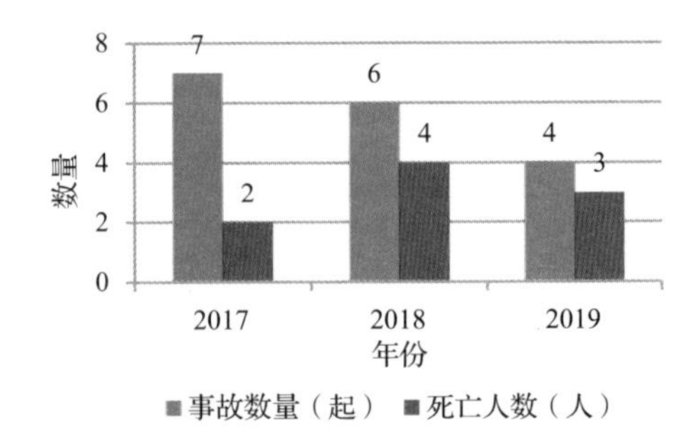

图 1.34　2017—2019 年气瓶事故数量及死亡人数

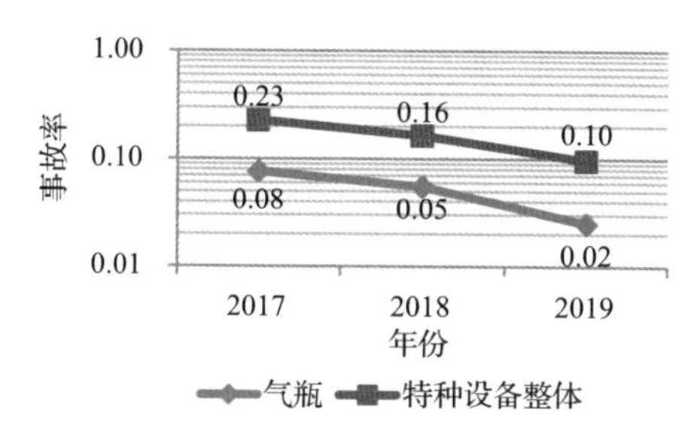

图 1. 35　2017—2019 年百万支气瓶事故率

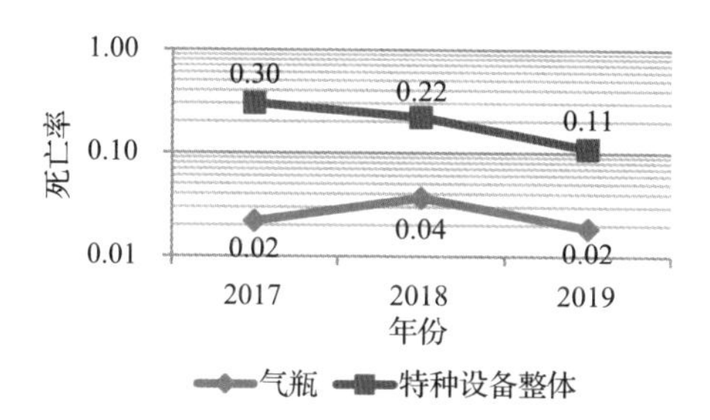

图 1. 36　2017—2019 年百万支气瓶死亡率

与特种设备整体“两率”计算方法不同，图中两组曲线仅供参考比对。

1. 2. 9　压力管道事故统计

2017—2019 年压力管道保有量呈逐年上升趋势，事故数量、死亡人数稳中有降，万公里压力管道事故率同比降低，低于特种设备整体水平。具体统计情况如图 1. 37～图 1. 40 所示。因压力管道“两率”与特种设备整体“两率”计算方法不同，图中两组曲线仅供参考比对。

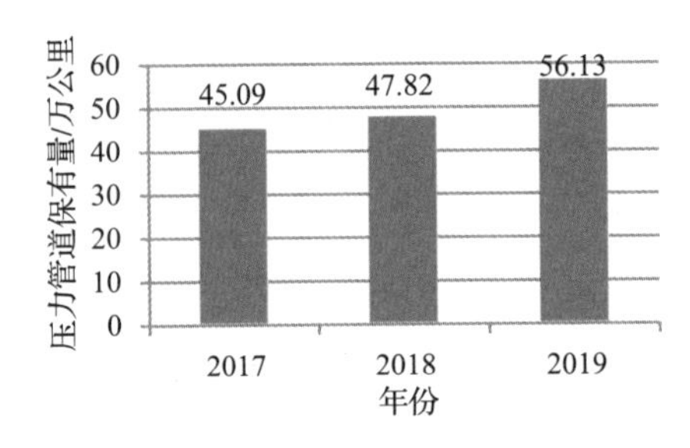

图 1.37　2017—2019 年压力管道保有量

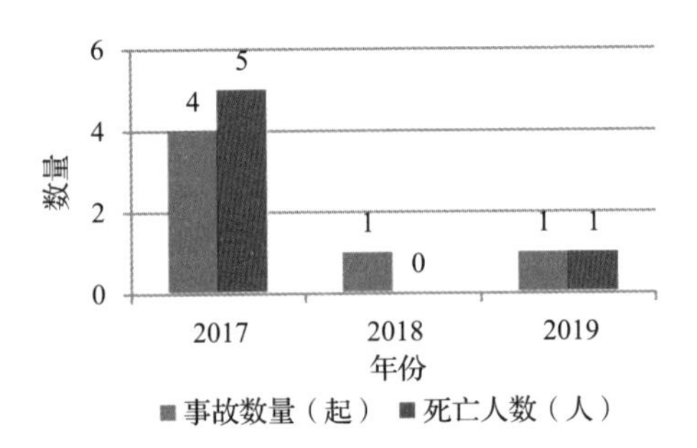

图 1.38　2017—2019 年压力管道事故数量及死亡人数

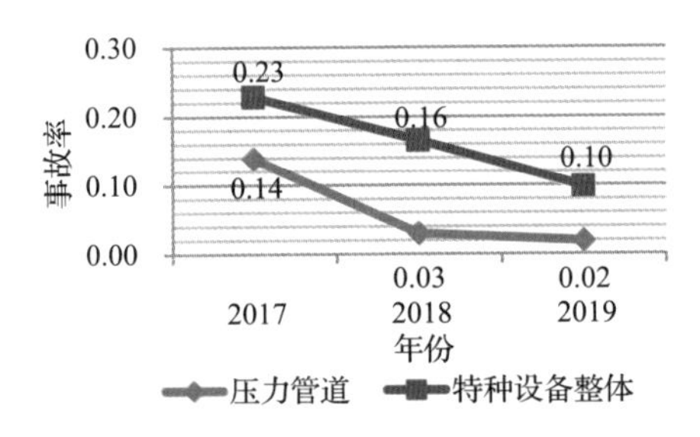

图 1.39　2017—2019 年万公里压力管道事故率

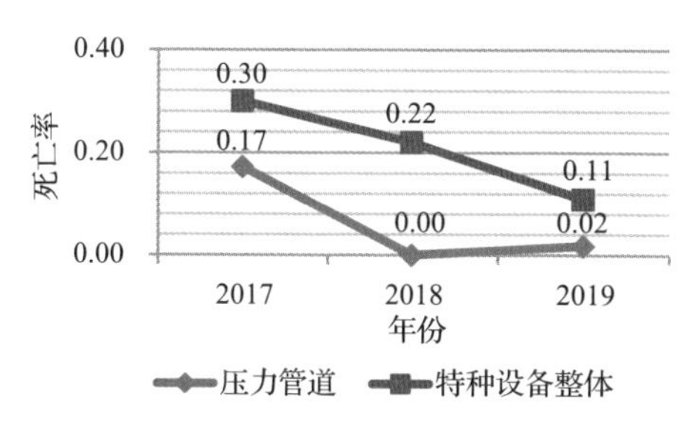

图 1.40 2017—2019 年万公里压力管道死亡率

1.2.10 机电类万台设备事故率、万台设备死亡率比较

比较结果显示，2017—2019 年机电类（不含客运索道）万台设备事故率、万台设备死亡率从高到低依次是大型游乐设施、场（厂）内专用机动车辆、起重机械、电梯，前三类机电类设备的"两率"均高于特种设备整体水平，而电梯的"两率"均低于特种设备整体水平。具体情况如图 1.41、图 1.42 所示。

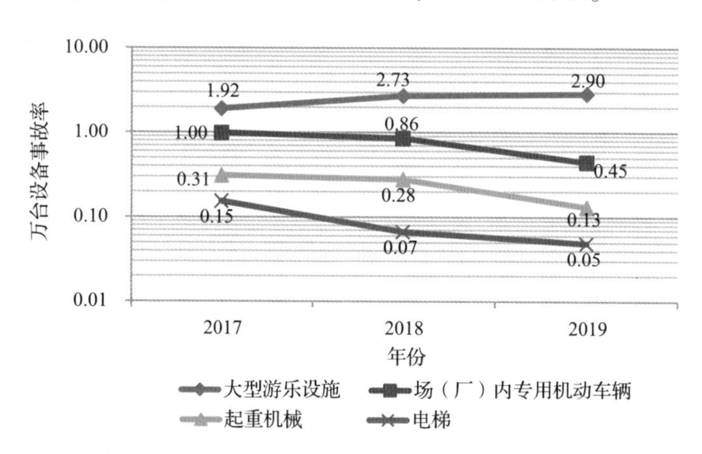

图 1.41 2017—2019 年机电类万台设备事故率比较

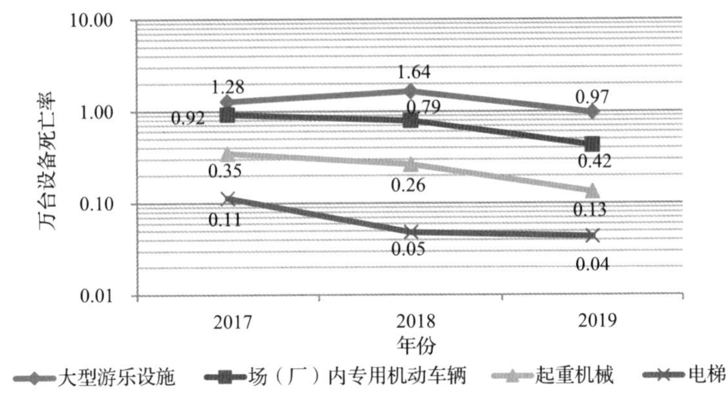

图 1.42　2017—2019 年机电类万台设备死亡率比较

比较结果显示，2017—2019 年锅炉事故的“两率”高于特种设备整体水平，压力容器“两率”远低于特种设备整体水平。2017—2019 年承压类万台设备事故率、死亡率如图 1.43、图 1.44 所示。因气瓶、压力管道“两率”与特种设备整体“两率”计算方法不同，图中两组曲线仅供参考比对。

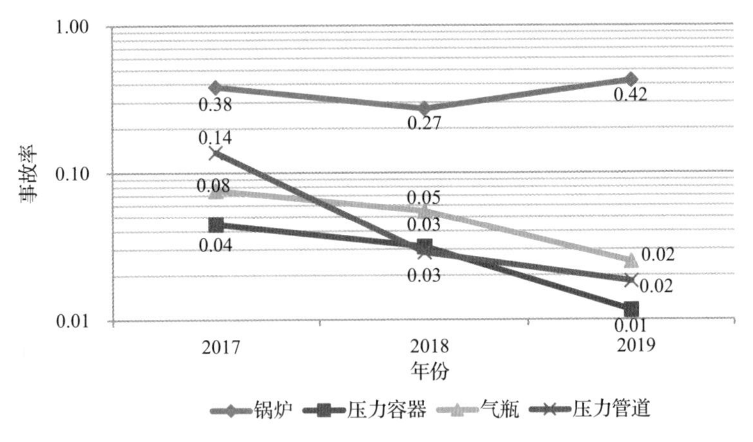

图 1.43　2017—2019 年承压类万台设备事故率比较

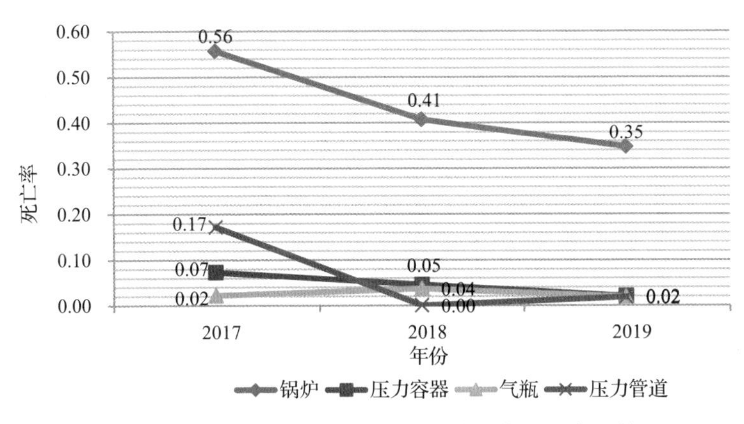

图 1.44　2017—2019 年承压类万台设备死亡率比较

1.3　事故等级情况

2017—2019 年共发生一般事故 439 起，占特种设备事故总数的 90.1%；较大事故 48 起，占特种设备事故总数的 9.9%；未发生重特大事故（如图 1.45 所示）。

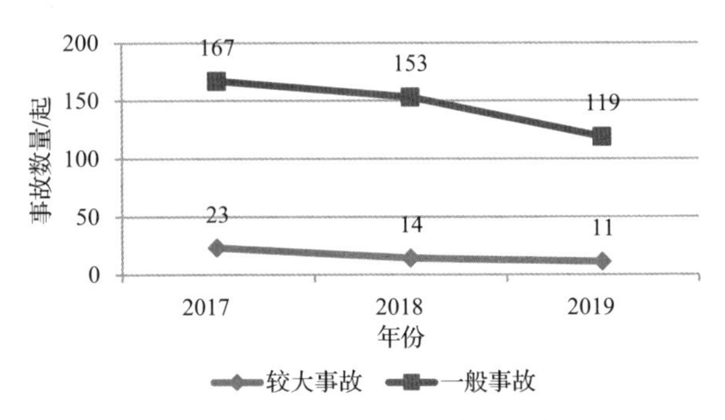

图 1.45　2017—2019 年各等级事故数量

1.4 人员伤亡情况

2017—2019 年统计内事故共涉及 454 人死亡、241 人受伤。其中，2017 年死亡 182 人，受伤 132 人；2018 年死亡 153 人，受伤 60 人；2019 年死亡 119 人，受伤 49 人（如图 1.46 所示）。三年来，人员伤亡人数持续下降。

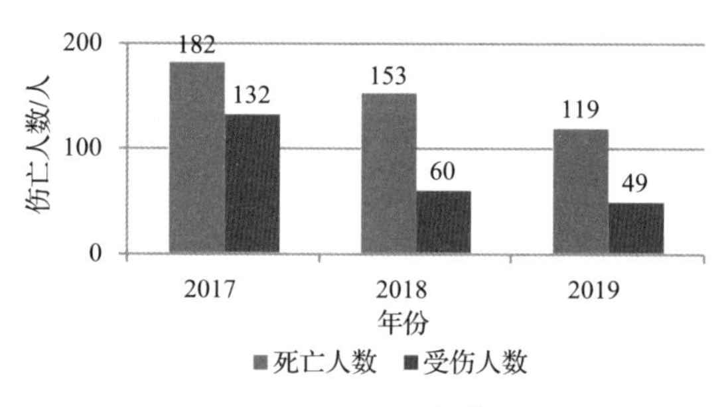

图 1.46 2017—2019 年伤亡人数

1.4.1 按设备类别统计

2017—2019 年机电类设备事故共造成 364 人死亡，占死亡总人数的 80.2%。2017—2019 年承压类设备事故共造成 163 人受伤，占受伤总人数的 67.6%。2017—2019 年各类别设备事故死亡人数和受伤人数分别如图 1.47 和图 1.48 所示。

1.4.2 按事故等级统计

2017—2019 年发生 440 起一般事故，共造成 379 人死亡、118 人受伤，平均每起事故造成 0.86 人死亡、0.27 人受伤；47 起较大事故，共造成 75 人死亡、123 人受伤，平均每起事故造成

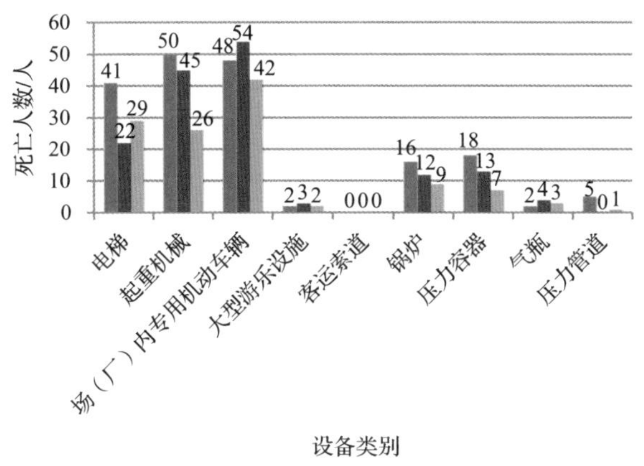

图 1.47　2017—2019 年各类别设备事故死亡人数

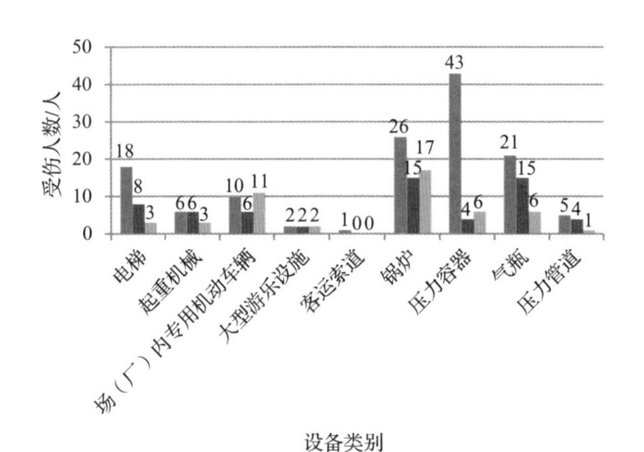

图 1.48　2017—2019 年各类别设备事故受伤人数

1.60 人死亡、2.62 人受伤。2017—2019 年各事故等级死亡人数和受伤人数分别如图 1.49、图 1.50 所示。

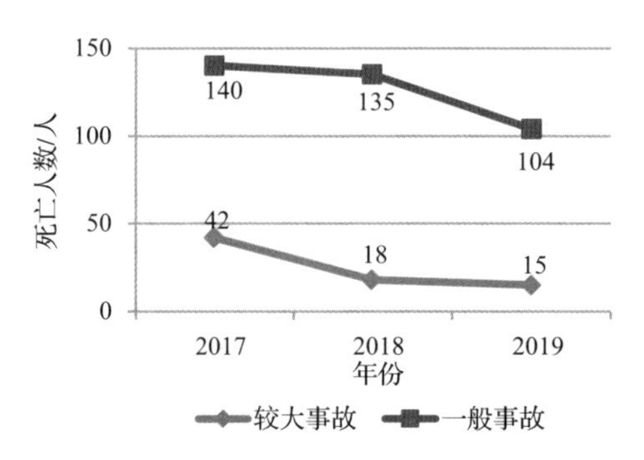

图 1.49　2017—2019 年各事故等级死亡人数

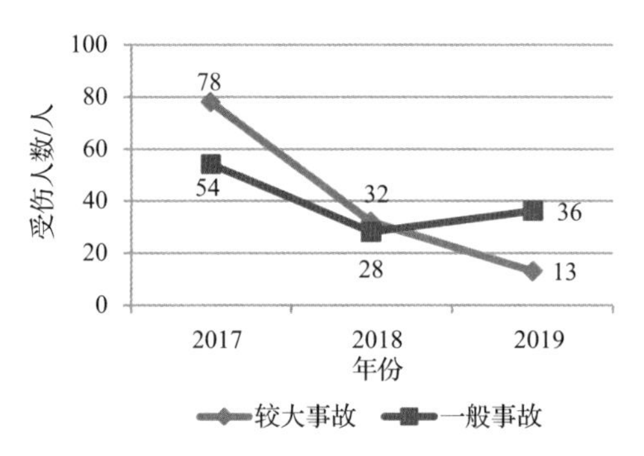

图 1.50　2017—2019 年各事故等级受伤人数

1.5　事故发生环节情况

2017—2019 年特种设备事故主要发生在使用环节，共发生事故 394 起，占事故总数的 80.9%；其次是维修环节，共发生事故 56 起，占事故总数的 11.5%；安装环节发生事故 27 起，占事故总数的 5.5%；其他环节（含制造 1 起、试验 1 起、充装 6 起、检验 2 起）发生事故 10 起，占事故总数的 2.1%（如图 1.51 所示）。

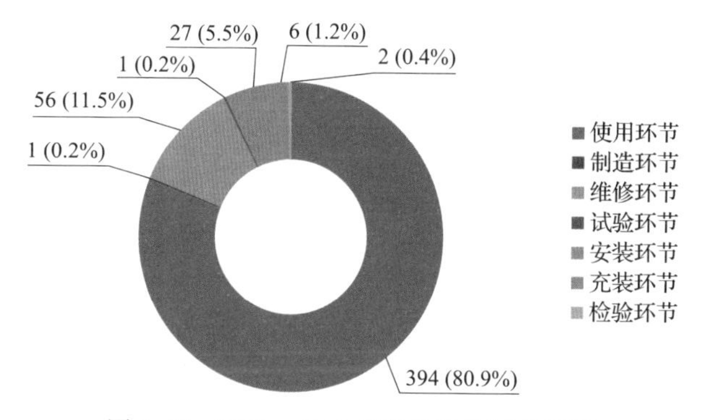

图 1.51 2017—2019 年事故发生环节情况

1.6 事故特征情况

2017—2019 年共发生承压类设备事故 77 起，以爆炸（含燃爆）为特征的事故 54 起，占比 70.1%，主要发生在锅炉、压力容器、气瓶；以泄漏为特征的事故 18 起，占比 23.4%，主要发生在气瓶、压力管道；还有少量的快开门设备意外打开造成的碰撞、压力容器封头焊缝断裂、气瓶倒地造成的挤压以及其他特征事故。2017—2019 年承压类设备事故特征情况如图 1.52 所示。

2017—2019 年共发生机电类设备事故 410 起，其中占比前三位的是以坠落为特征的事故（共 121 起，占比 29.5%）、以挤压（剪切）为特征的事故（共 108 起，占比 26.3%）、以碰撞为特征的事故（共 98 起，占比 23.9%）。其中，碰撞、挤压、坠落是起重机械事故的主要特征；坠落、挤压（剪切）、受困（滞留）、碰撞、冲顶或蹲底是电梯事故的主要特征；碰撞、倾覆（含倾倒、侧翻）、挤压是场（厂）内专用机动车辆事故的主要特征；坠落、

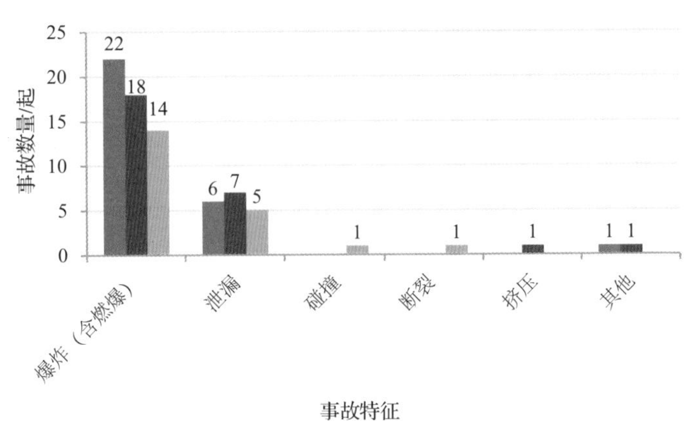

图 1.52　2017—2019 年承压类设备事故特征情况

受困（滞留）是大型游乐设施和客运索道事故的主要特征。2017—2019 年机电类设备事故特征情况如图 1.53 所示。

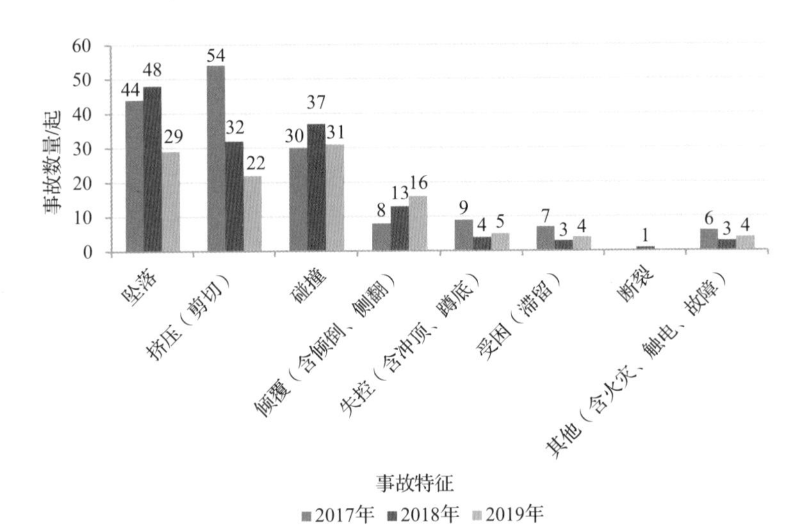

图 1.53　2017—2019 年机电类设备事故特征情况

1.7　事故发生区域情况

1.7.1　按事故数量统计

2017—2019 年东部地区共发生特种设备事故 260 起，占比达 53.4%；西部地区发生特种设备事故 102 起，占比 20.9%；中部、东北部地区分别为 73 起、52 起，占比分别为 15.0%、10.7%（如图 1.54 所示）。

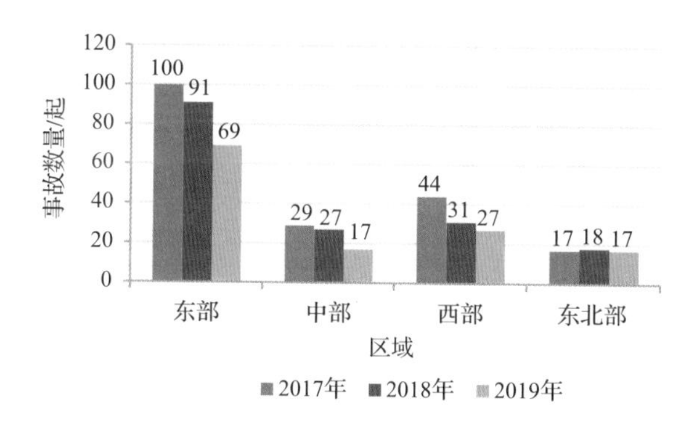

图 1.54　2017—2019 年各区域（东部、中部、西部、东北部）事故数量

1.7.2　按死亡人数统计

2017—2019 年东部地区特种设备事故共造成 239 人死亡，占比达 52.6%；西部地区事故死亡人数 95 人，占比为 20.9%；中部、东北部地区事故死亡人数分别为 69 人、51 人，占比分别为 15.2%、11.2%（如图 1.55 所示）。各区域事故数量占比与死亡人数占比基本一致。

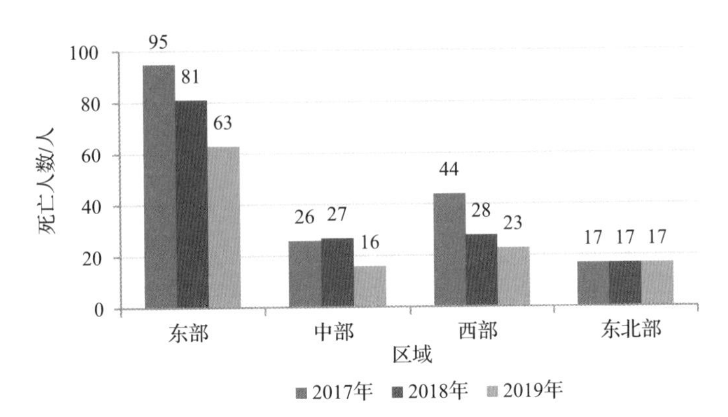

图 1.55　2017—2019 年各区域（东部、中部、西部、东北部）事故死亡人数

1.7.3　按各区域万台设备事故率、万台设备死亡率统计

2017—2019 年东部地区无论事故数量还是死亡人数，占比都在 52.0%以上；进一步考虑各区域设备保有量及设备在用量因素，东部和中部地区万台设备事故率、万台设备死亡率明显低于西部和东北部地区。2017—2019 年各区域万台设备事故率、万台设备死亡率分别如图 1.56 和图 1.57 所示。

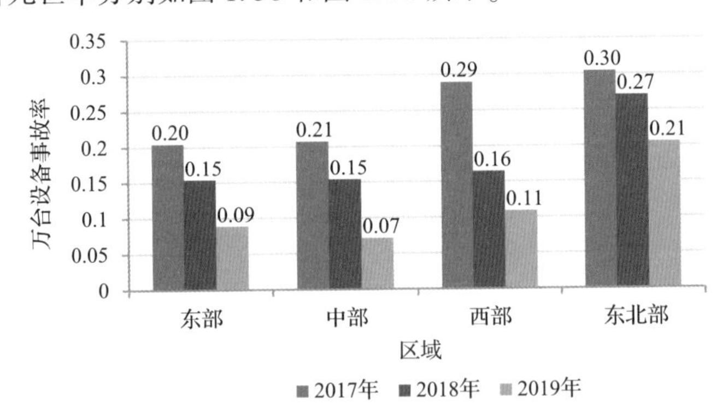

图 1.56　2017—2019 年各区域（东部、中部、西部、东北部）万台设备事故率

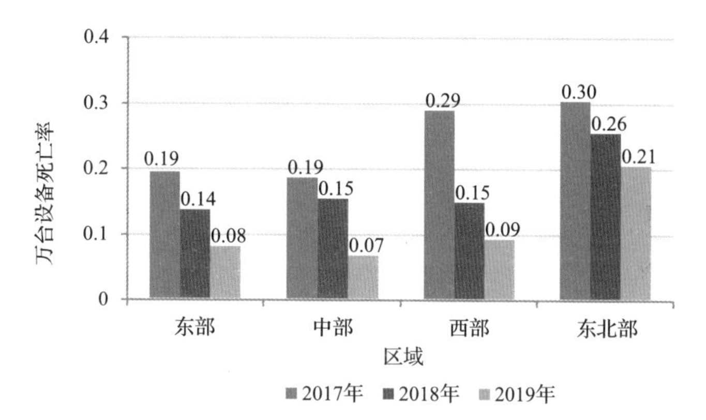

图 1.57　2017—2019 年各区域（东部、中部、西部、东北部）万台设备死亡率

第二章 锅炉事故原因分析及风险警示

2.1 事故概述

2017—2019 年，各地通过全国特种设备事故管理系统上报锅炉类事故及相关事故共 30 起（事故 25 起、相关事故 5 起），本章内容以 25 起事故为研究对象，包括电站锅炉事故 5 起和非电站锅炉事故 20 起。所有分析结果均以该 25 起事故为基数计算得出。2017—2019 年锅炉事故数量及伤亡人数如图 2. 1 所示。

2. 1. 1 按事故等级统计

25 起事故中，较大事故 15 起，一般事故 10 起，无重大事故及特别重大事故，如图 2. 2 所示。

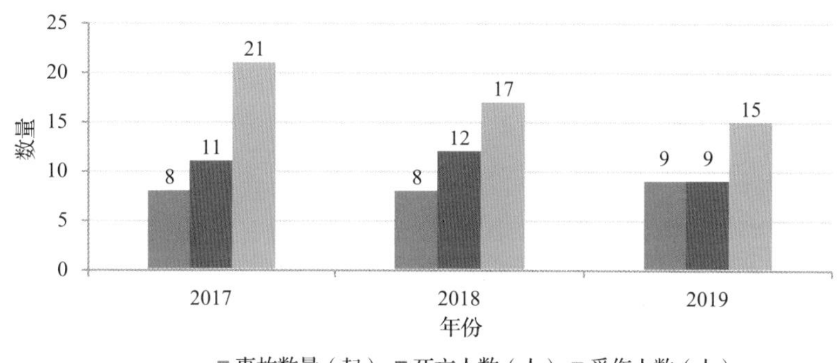

图 2.1　2017—2019 年锅炉事故数量及伤亡人数

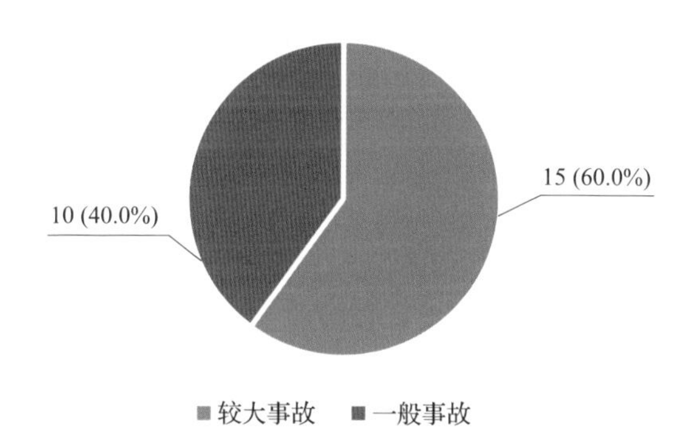

图 2.2　2017—2019 年锅炉事故按事故等级分布情况

2.1.2　按事故直接原因统计

25 起事故中，超压爆炸事故 5 起，缺水后进水爆炸事故 4 起，过热泄漏事故 4 起，材质原因爆泄事故 4 起，炉膛（燃烧室、尾部烟道）燃爆事故 3 起，导热油爆炸事故 1 起，蒸汽烫伤事故 1 起，另有不明原因事故 3 起（包括得出报告结论时尚在调查中的 2 起）。具体如图 2.3 所示。

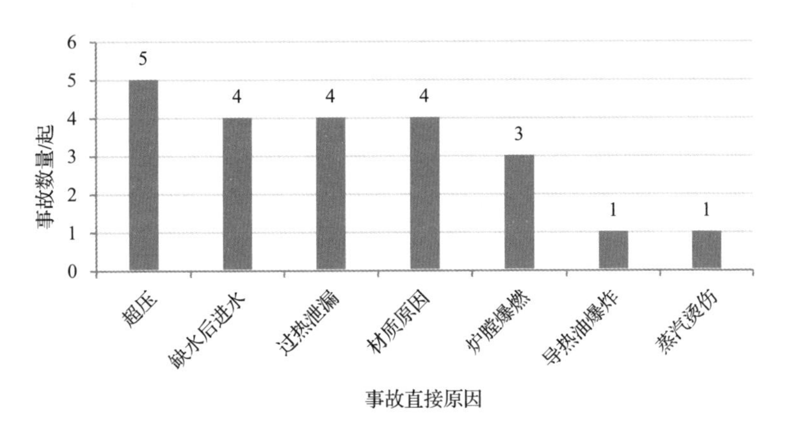

图 2.3　2017—2019 年锅炉事故直接原因分类

2.1.3　按事故发生环节统计

25 起事故中，安装环节发生事故 3 起，维修保养环节发生事故 3 起，使用环节发生事故 19 起。2017—2019 年锅炉事故按事故发生环节分布情况如图 2.4 所示。使用环节事故占比 76.0%，与 2002—2017 年的 92.0%相比明显下降，这与锅炉自动化程度的提高有着直接的关联。燃油（气）工业锅炉事故中，除 2019 年江苏常州“10・8”锅炉爆炸事故外，其余 3 起事故皆发生在锅炉的非正常使用状态（包括未经验收即投入使用）。燃油（气）工业锅炉一般在相对较大规模的企业内配置使用，业主对锅炉的安全重视程度相对较高，其自动控制系统也比较完备，故燃油（气）工业锅炉在运行环节的事故率相对较低。

2.1.4　按额定蒸发量统计

25 起事故中，锅炉额定蒸发量 $Q \leqslant 1$ t/h 的有 9 起，1 t/h$<Q \leqslant 2$ t/h 的有 3 起，2 t/h$<Q \leqslant 6$ t/h 的有 8 起，6 t/h$<Q \leqslant 35$ t/h

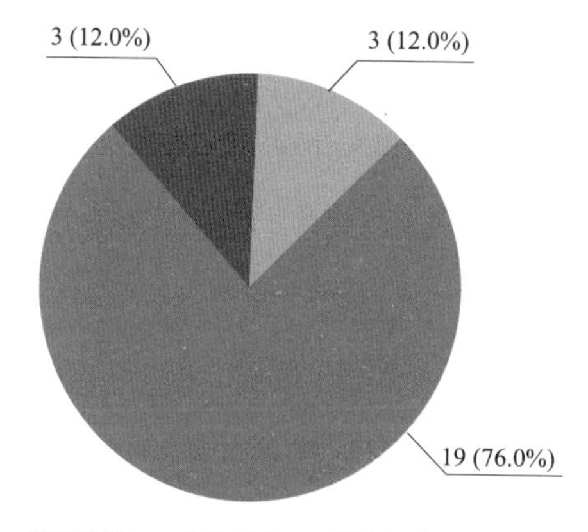

图 2.4　2017—2019 年锅炉事故按事故发生环节分布情况

的有 2 起，Q>35 t/h 的有 3 起，如图 2.5 所示。锅炉额定蒸发量 $Q \leq 6$ t/h 的事故占锅炉事故总数的 80.0%。

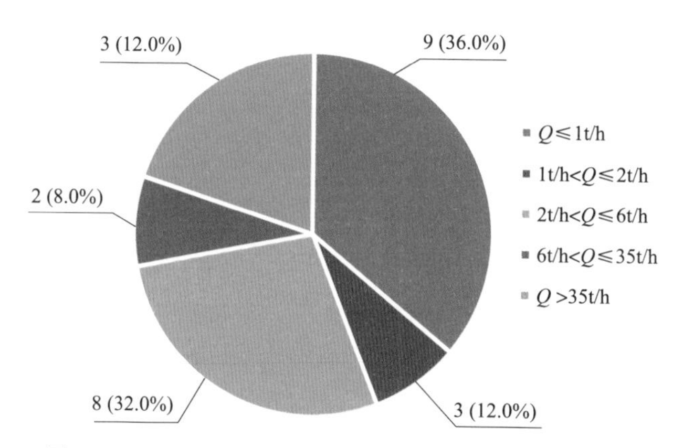

图 2.5　2017—2019 年锅炉事故按额定蒸发量分布情况

2.1.5　按使用燃料统计

25 起事故涉及燃煤锅炉 12 台，燃生物质锅炉 8 台，油气锅炉 5 台。值得注意的是，额定蒸发量在 1 t/h 及以下的 9 台事故锅炉中，燃煤锅炉占 7 台，燃生物质锅炉 2 台，无油气锅炉。额定蒸发量在 10 t/h 以下的事故锅炉中，燃煤锅炉及燃生物质锅炉共 15 台，占比 83.0%；油气锅炉 3 台。2017—2019 年锅炉事故按使用燃料分布情况如图 2.6 所示。

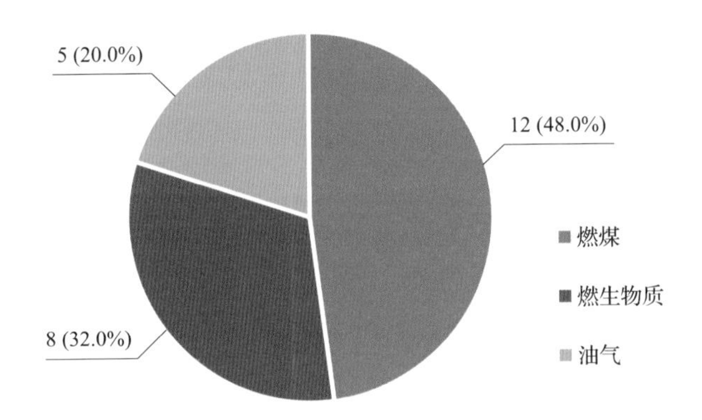

图 2.6　2017—2019 年锅炉事故按使用燃料分布情况

2.1.6　按运行时长统计

25 起事故中，3 台锅炉处于安装阶段，6 台锅炉制造日期及投用日期在提供的资料中未见确切数据。发生事故的 5 台电站锅炉中，1 台锅炉制造及投用日期不详，1 台锅炉因材质错用短期内（8 个月）爆管，另外 3 台锅炉平均运行时长为 187 个月，远超工业锅炉规定的 59 个月。额定蒸发量在 1 t/h 及以下的锅炉事故现有统计数据显示，小型锅炉在使用 3 年后显现各种问题，事故逐渐开始爆发。2017—2019 年不同额定蒸发量下锅炉发生事故时的运行时长如图 2.7 所示。

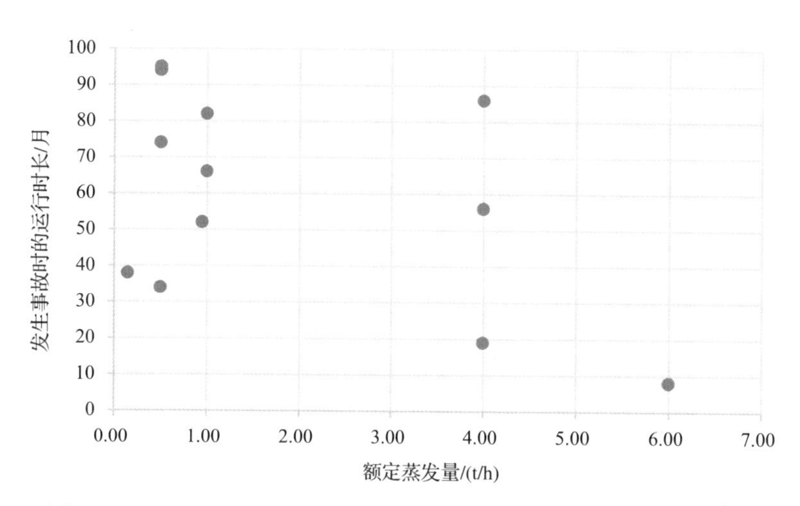

图 2.7 2017—2019 年不同额定蒸发量下锅炉发生事故时的运行时长

2.1.7 按事故发生地区统计

2017—2019 年锅炉事故按事故发生地区分布情况见表 2.1。从表 2.1 可见，2017—2019 年全国有 13 个省份（自治区、直辖市）发生了锅炉事故，其中发生事故较多的有云南、贵州、广西、江苏、浙江等地。

表 2.1 2017—2019 年锅炉事故按事故发生地区分布情况

省份	2017 年			2018 年			2019 年			合计		
	事故数量/起	死亡人数/人	受伤人数/人	事故数量/起	死亡人数/人	受伤人数/人	事故数量/起	死亡人数/人	受伤人数/人	事故数量/起	死亡人数/人	受伤人数/人
云南	1	0	5	1	0	2	2	1	4	4	1	11
贵州	2	2	4	1	3	6	—	—	—	3	5	10
广西	1	1	0	2	2	1	—	—	—	3	3	1
江苏	1	1	1	—	—	—	2	1	3	3	2	4

续表

省份	2017年			2018年			2019年			合计		
	事故数量/起	死亡人数/人	受伤人数/人	事故数量/起	死亡人数/人	受伤人数/人	事故数量/起	死亡人数/人	受伤人数/人	事故数量/起	死亡人数/人	受伤人数/人
浙江	1	5	4	—	—	—	1	1	1	2	6	5
黑龙江	—	—	—	1	2	3	1	2	0	2	4	3
湖北	1	2	7	—	—	—	1	0	0	2	2	7
河北	—	—	—	—	—	—	1	3	7	1	3	7
重庆	—	—	—	1	2	3	—	—	—	1	2	3
安徽	—	—	—	1	2	2	—	—	—	1	2	2
福建	—	—	—	1	1	0	—	—	—	1	1	0
天津	—	—	—	—	—	—	1	1	0	1	1	0
吉林	1	0	0	—	—	—	—	—	—	1	0	0

2.2 事故原因分析

2.2.1 设备原因

25起事故中，涉及设备原因的共有16起，占比64.0%。2017—2019年锅炉事故设备原因分布如图2.8所示，具体如下：

（1）联锁保护装置未装或失效导致的事故有8起，其中1起属于超压联锁失效，7起属于低水位联锁保护失效。

（2）安全阀锈死失效导致的事故有6起。

（3）材质错用引起老化导致的事故有1起。

（4）焊接质量不合格导致的事故有1起。

可以看出，锅炉低水位联锁保护失效和安全阀锈死失效是锅

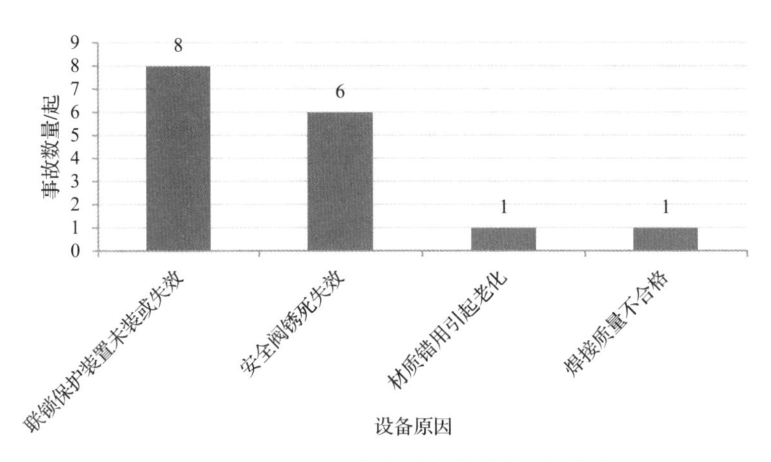

图 2. 8　2017—2019 年锅炉事故设备原因分布

炉最主要的设备风险问题（联锁保护装置未装或失效、安全阀锈死失效在各设备原因中共占比 87. 5%，其中联锁保护装置未装或失效占比 50. 0%）。

相关案例：2019 年河北省张家口市“2・28”锅炉爆炸事故和天津市静海区“7・3”锅炉爆炸事故都涉及 SZL（双锅筒纵置链条锅炉）型生物质锅炉，直接原因都是上锅筒缺水导致上锅筒孔桥部位过热，强度不足失效开裂。从设备原因角度分析，以上事故的相似点如下：

1）锅炉自动给水系统失效。为降低成本，工业锅炉自动给水装置只取一组锅筒上的远传信号作为反馈输入控制给水泵的启停和变频运行，这组信号不管是取自差压变送器还是电接点水位计，在长期运行中均容易失效，可靠性不足，因此实际运行中要求司炉人员监视直读式水位计，并与远传信号及时进行对比。“2・28”锅炉爆炸事故是差压变送器故障，“7・3”锅炉爆炸事故是锅炉电接点水位计线头虚接。

2）蒸汽锅炉的高、低水位报警系统故障。按照《锅炉安全技术监察规程》（以下简称《锅规》），蒸汽锅炉应当装设高、低水位报警和低水位联锁保护装置，保护装置最迟应当在最低安全水位时动作。锅炉运行时，控制器将其产生的水位信号传送给控制室实现锅炉水位报警和联锁保护。当液位到达高、低水位时发出声光报警，当液位到达超高水位时启动停给水泵联锁保护，当液位降至超低水位时启动停炉联锁保护。链条炉排的燃煤锅炉或生物质锅炉难以进行联锁，因为无法立刻切断燃料，只能停止送风［效果不如燃油（气）锅炉明显］。报警和联锁取自同一个远传信号，这两个事故中远程水位测量系统故障，导致报警功能同时失效。另外，远程水位测量系统显示的水位不准确，但又疏于维修，导致经常报警，有些使用单位觉得报警太频繁、声音太大，对报警声响进行了屏蔽，导致报警功能不起作用。

2019 年黑龙江省哈尔滨市“2・13”锅炉爆炸事故中，锅炉维修单位无资质，未制定严格的锅炉修理工艺，违反了《锅规》关于主要受压元件（锅壳）挖补需要开坡口及无损检测的规定，导致焊接质量不合格的锅炉投入运行。2017 年浙江省嘉兴市“12・23”锅炉爆炸事故是由于材质错用引起的。

需要指出的是，按事故直接原因分，占比 20.0%的 5 起超压爆炸事故中，除贵州省遵义市 2018 年 6 月 7 日发生的 12 t/h WNS（卧式内燃型室燃锅炉）型锅炉事故存在安全阀盲板封死现象外，其余事故锅炉均为额定蒸发量小于或等于 1 t/h 的立式小锅炉，锅炉均未安装超压报警及联锁保护装置。虽未违反《锅规》的相关规定，但该类锅炉使用单位普遍为小型个体企业，存在安全管理不善、作业人员素质低等情况，因此，该类锅炉相对于其他炉型更易发生安全阀锈死导致的超压爆炸事故。

2.2.2　人为原因

25 起事故中，除了得出报告结论时还在详细调查原因的 2 起事故外，其他 23 起事故都与人员的违章作业有关。2017—2019 年锅炉事故人为原因分布如图 2.9 所示，具体如下：

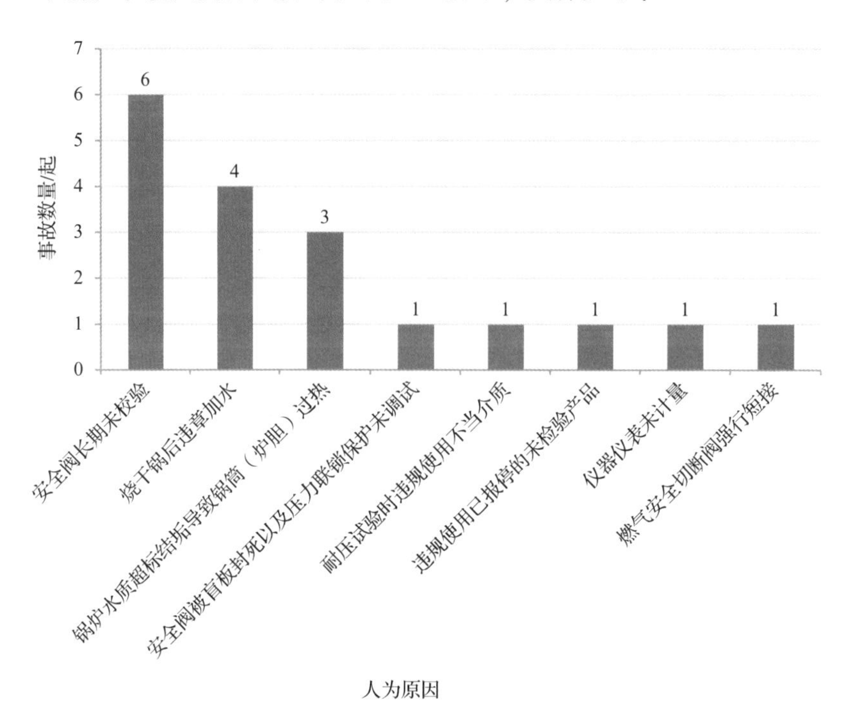

图 2.9　2017—2019 年锅炉事故人为原因分布

（1）安全阀长期未校验导致的事故有 6 起。

（2）烧干锅后违章加水导致的事故有 4 起。

（3）锅炉水质超标结垢导致锅筒（炉胆）过热引起的事故有 3 起。

（4）安全阀被盲板封死以及压力联锁保护未调试导致的事故

有1起。

（5）耐压试验时违规使用不当介质导致的事故有1起。

（6）违规使用已报停的未检验产品导致的事故有1起。

（7）仪器仪表未计量导致的事故有1起。

（8）燃气安全切断阀强行短接导致的事故有1起。

可见，安全阀长期未校验、烧干锅后违章加水、锅炉水质超标结垢是最主要的人为风险问题（在人为原因中共占比72.2%）。与安全附件相关的问题（安全阀长期未校验、安全阀被盲板封死以及压力联锁保护未调试、燃气安全切断阀强行短接）占比44.4%。

相关案例：2018年贵州省遵义市桐梓县“6·7”锅炉事故是由安全阀被盲板封死以及压力联锁保护未调试引发的。2018年黑龙江省哈尔滨市“9·6”有机热载体锅炉爆炸事故是由耐压试验时违规使用不当介质引发的。2017年湖北省宜昌市“1·12”锅炉炉膛爆炸事故是在调试过程中，调试人员违反操作程序，违规将燃气安全切断阀强行短接，导致燃气安全电磁阀提前打开，大量燃气在点火之前随风进入炉胆、烟管和烟道等部位，与空气混合达到爆炸极限，当程序控制器运行至点火位时，点火变压器点火发生闪爆。

此外，其他违章行为典型案例举例如下：2017年吉林省吉林市“10·13”化学清洗时锅炉炉膛爆燃事故是司炉人员缺乏运行经验，在炉膛内可燃气体集聚的情况下，操作方法不当再次点火引起的。2017年云南省“11·9”锅炉检修时蒸汽伤人事故是现场人员与控制室人员配合不当，违规开启电动阀造成的。2019年云南省曲靖市“11·6”燃煤气锅炉炉膛爆燃事故是作业人员违规操作，在点火装置调试时，违反操作规程开启燃料主管道阀门，导致大量焦炉煤气进入锅炉炉膛，与空气混合形成爆炸性气体，点火时引发炉膛爆燃。该三起事故均为电站锅炉事故，也须引起管理方面的重视。

1）电站锅炉系统相对复杂，电站锅炉司炉人员虽经过司炉培训上岗，但由于现有培训条件的限制，司炉人员对特殊场景应对能力欠缺，导致特殊情况下操作不当，致使事故发生或事故扩大。

2）部分热电企业“软硬件”不配套，在锅炉管理制度和操作规程的制定方面存在缺项；或者虽然制定了相关制度和操作规程，却未有效地执行。

2.2.3　环境原因

（1）按地区和企业分析，大多数锅炉事故发生在偏远地区和中小企业，在监管力量相对薄弱的地区和自身条件不足的企业，锅炉事故发生率较高。

（2）按季节分析，发生于夏季（6—9月）的事故占全部事故的48.0%。在夏季高温炎热的环境中，工作条件差，若没有很好的休息环境，司炉人员精力、注意力会下降，也容易出现司炉人员离岗现象，导致事故高发。按时段分析，夜班中发生的事故有7起，停炉阶段发生的事故1起，这是司炉人员精力、注意力的薄弱期。

2.3　风险警示与防控

设备风险主要是锅炉低水位联锁保护失效和安全阀锈死失效。

人为风险主要是安全阀长期未校验、烧干锅后违章加水、锅炉水质超标结垢。与安全附件相关的问题占比 44.4%。

（1）关于锅炉水位报警及联锁保护装置设置要求。2017 年年初，《锅规》1 号修改单要求对所有蒸汽锅炉加装低水位联锁保护装置。在无法完全杜绝司炉人员脱岗的情况下，建议在《锅规》或者标准中就警报的装设位置、数量、报警型式等做进一步的规定。同时，鉴于目前水位联锁保护装置的可靠性不高，建议在《锅规》中对水位联锁保护装置提出安全完整性等级要求。

（2）要重视锅炉超压报警及联锁保护装置。现行规程中，额定蒸发量为 6 t/h 及以上的锅炉才需要配置超压报警和联锁保护装置，建议在《锅规》中对额定蒸发量在 6 t/h 以下的锅炉也提出配置超压报警和联锁保护装置的原则要求，或者给出替代满足条件。

（3）使用和运维单位自查重点。锅炉使用和运维单位应重点对燃烧器、锅炉安全附件和安全联锁保护装置进行逐项检查并做好记录，定期进行冲洗锅炉水位计、压力表等操作，定期进行安全阀手动排放试验，定期进行超压联锁和水位联锁模拟试验，发现就地水位表与远传水位表读数不一致或者两个远传水位表读数不一致时要及时进行检查，排除故障，确保安全附件和安全联锁保护装置灵敏可靠；监测锅炉水质，防止锅炉结垢损坏受热面，经检查垢量超标要及时进行清洗。

（4）检验单位锅炉定检重点。锅炉定检机构在进行定期检验时，要特别重视安全阀校验和安全联锁保护装置的功能试验，定期进行校验，保障动作灵敏可靠。应检查使用单位是否进行了自我检查和试验，对远程水位测量装置要加强现场检查及功能试验见证，防止使用单位解列运行或者带病违规运行。对燃油（气）

锅炉，要重视锅炉点火程序和熄火保护是否符合要求，锅炉房内供油（气）管线是否有专门的漏气检测、通风安全、电气防爆等设施。

针对电站锅炉，还要重视母管制机组锅炉母管的检验工作，避免主蒸汽母管和给水母管出现超期未检、局部不具备检验条件的情况。这些管道属于炉外管道，检验机构要严格按照安全技术规范要求进行检验。

（5）加强安装、修理、改造环节施工质量控制和监督检验。一是在安装环节加强施工质量控制和监督抽查。二是针对锅炉改造尤其是燃煤锅炉改燃生物质锅炉，技术机构应加强对改造设计方案的审查，需要监督检验的还要进行监督检验。三是监检员应对调试的整个过程加强监督，不能只对水压试验一个环节现场见证。在安装过程中监检员不可能100%到位的情况下，要针对不同炉型进一步研究监督检验的控制点，做出有针对性的安排。加强对锅炉远程水位测量装置安装质量的监检工作，防止出现违反《锅规》要求的情况。

（6）重视新装锅炉系统调试工作。由于目前我国对锅炉调试单位没有单独核准发证，新装锅炉的调试一般由安装单位或者锅炉制造单位进行。调试时，锅炉使用单位、锅炉安装（调试）单位或锅炉制造单位应承担好各自的责任，共同做好锅炉本体、辅机和安全附件、报警保护装置的调试工作。

燃烧器的改造或更换应当按照锅炉修理的规定履行有关施工告知程序。对燃烧器进行调试时，应当由燃烧器制造单位或其授权单位的技术人员进行现场指导并负责安全。

近年来，国外电站锅炉出现了多起T/P91—92钢相关的早期失效问题。为此，ASME（美国机械工程师协会）标准技术委员

会对欧洲和日本新提供的 1 279 个 Gr91 材料的高温持久试验数据进行了重新评估。根据评估结果，ASME 对该材料不同温度下的许用应力分别下调了 8.0%~19.0%，并于 2019 年 7 月在新标准中正式颁布，2020 年正式实施。我国电站锅炉大多采用 ASME 标准设计制造，下调材料许用应力对已经生产和使用的锅炉产生的潜在影响目前尚无相关事故报告，但锅炉使用单位和检验单位应当加强这方面的积累和监督，及时跟踪已投运锅炉材料的老化情况。

第三章

压力容器事故原因分析及风险警示

3.1 事故概述

2017—2019 年，各地通过全国特种设备事故管理系统报送压力容器事故共 24 起，本章内容以其中具有相对完整结案材料的 23 起事故为研究对象进行分析，所有分析结果均以该 23 起事故为基数计算得出。

3.1.1 按年度统计

2017—2019 年压力容器事故数量呈逐年下降趋势，如图 3.1 所示。

3.1.2 按伤亡情况统计

2017—2019 年压力容器事故死亡人数呈下降趋势；受伤人数总体上也呈现下降趋势，2018 年与 2017 年相比受伤人数下降明

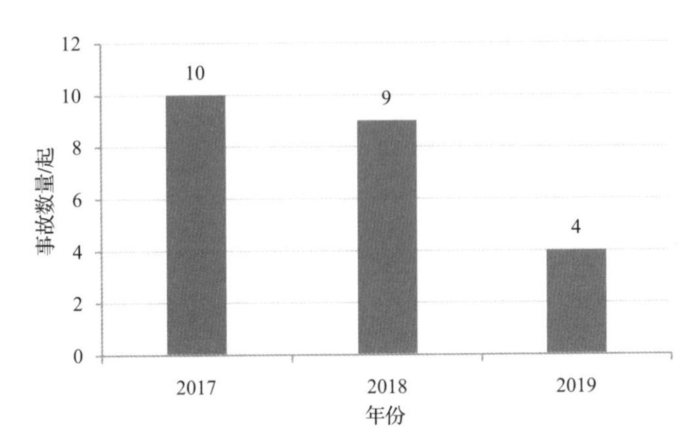

图 3.1　2017—2019 年压力容器事故数量

显，2019 年又略有回升，如图 3.2 所示。

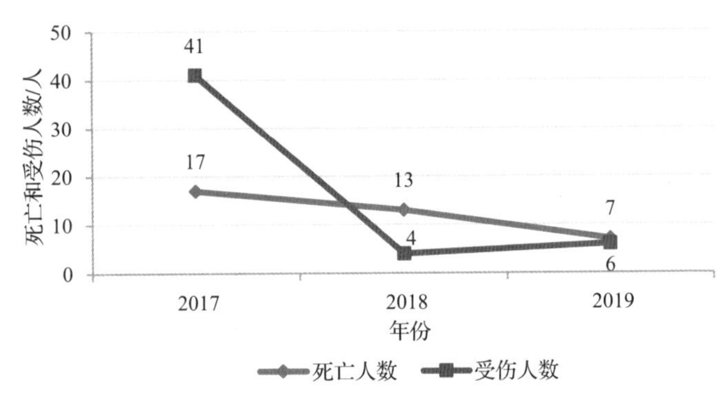

图 3.2　2017—2019 年压力容器事故死亡和受伤人数

3.1.3　按事故等级统计

在 23 起压力容器事故中，一般事故 12 起，死亡 16 人、受伤 10 人；较大事故 11 起，死亡 21 人、受伤 41 人（如图 3.3 所示）。

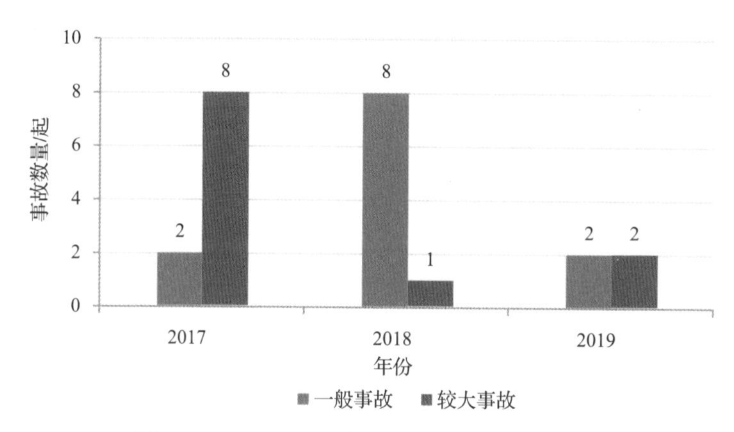

图 3.3　2017—2019 年压力容器事故等级情况

3.1.4　按事故现象统计

在 23 起压力容器事故中，事故现象为爆炸、泄漏、爆裂、断裂和燃爆。其中，爆炸和泄漏各 10 起，占比均为 43.5%；爆裂、断裂和燃爆各 1 起，占比均为 4.3%（如图 3.4 所示）。

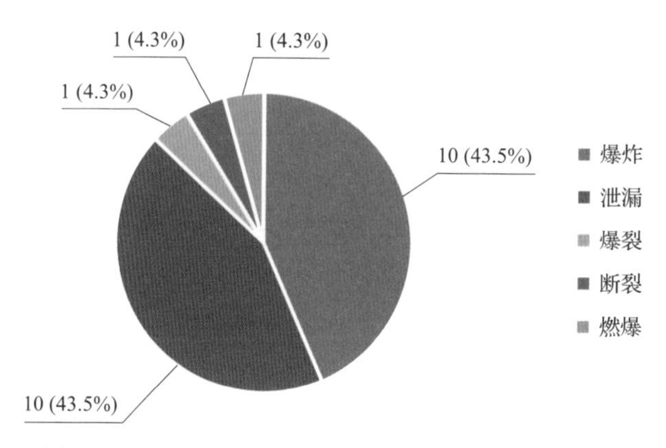

图 3.4　2017—2019 年压力容器按事故现象分布情况

3.1.5 按事故发生地区统计

在23起事故中，湖南、江西和四川3省各3起，辽宁、广东、江苏和山东4省各2起，河北、黑龙江、吉林、内蒙古、上海和新疆各1起，详情见表3.1。

表3.1 2017—2019年压力容器按事故发生地区分布情况

省份	事故数量/起	一般事故数量/起	较大事故数量/起	死亡人数/人	受伤人数/人
江西	3	1	2	5	16
湖南	3	0	3	6	2
四川	3	1	2	3	3
辽宁	2	2	0	2	5
江苏	2	2	0	2	0
山东	2	2	0	4	1
广东	2	1	1	2	3
河北	1	1	0	2	0
内蒙古	1	0	1	1	5
吉林	1	1	0	1	0
黑龙江	1	0	1	3	0
上海	1	1	0	1	0
新疆	1	0	1	5	16
合计	23	12	11	37	51

3.2 事故原因分析

3.2.1 设备原因

2017—2019年压力容器事故设备原因分布如图3.5所示。压力容器安全附件失效、解列或未装设导致的事故共13起，占事故总数的56.5%，其中快开门安全联锁装置失效、解列或未装设导致的事故10起（占比43.5%），未装设安全附件导致的事故1起，温度压力安全联锁保护装置解列导致的事故1起，安全阀排出口未装设放空管导致的事故1起；质量缺陷导致的事故2起，占事故总数的8.7%；单向阀失效导致的事故1起，占事故总数的4.3%；内表面局部腐蚀减薄导致的事故1起，占事故总数的4.3%。

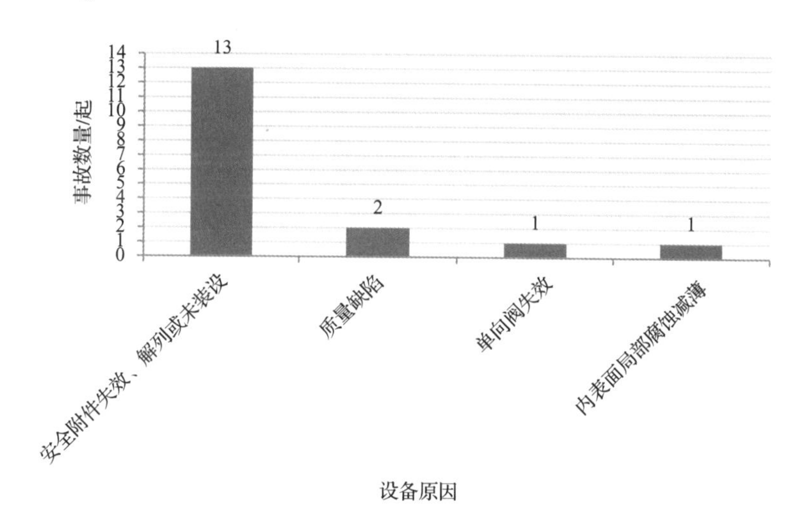

图3.5　2017—2019年压力容器事故设备原因分布

（1）安全附件失效、解列或未装设。

1）快开门安全联锁装置失效、解列或未装设。

快开门安全联锁装置失效、解列典型案例有江西省抚州市2017年“2·20”蒸煮锅爆炸事故、湖南省益阳市2017年“2·23”蒸压釜爆炸事故、上海市2017年“9·11”硫化罐泄漏事故、广东省云浮市2017年“10·7”蒸压釜爆炸事故、四川省成都市

2017年“10·28”硫化罐爆炸事故、山东省威海市2018年“3·26”蒸压釜爆炸事故、辽宁省大连市2018年“9·25”硫化罐泄漏事故、湖南省常德市2018年“10·13”蒸压釜爆炸事故等。

湖南省常德市2018年“10·13”蒸压釜爆炸事故除了安全联锁装置失效外，其设计性能也有缺陷。蒸压釜新加装的安全联锁装置执行器存在故障，安全销没有正常动作进入釜盖定位板的定位孔内，在釜体法兰和釜盖法兰的啮合齿没有被锁住的情况下对蒸压釜输送蒸汽并升压，在升压和保压过程中，因蒸汽压力波动，釜盖法兰的啮合齿逆时针转动脱离啮合部位，釜盖瞬间冲脱飞出，高速喷出的蒸汽致使釜体反向飞出。安全联锁装置设计性能也有缺陷，YKL-2型安全联锁装置的原理是利用电接点压力表感应蒸压釜内的压力后反馈电信号给执行器实现联锁功能，蒸压釜内先有压力才能锁住釜门，该原理不符合《固定式压力容器安全技术监察规程》（TSG 21—2016）的规定；在安全联锁装置执行器安全销没有正常动作进入定位孔的情况下，控制箱没有设计声光报警信号。

这类事故的典型表现：一是蒸压釜釜齿啮合不到位，升压运行时，在蒸汽压力的作用下釜齿啮合部位产生周向作用力造成釜盖旋转，釜齿脱开，导致釜门滑脱或釜体移位；二是设备操作人员在设备未泄压的情况下强行打开罐盖，因罐内压力产生的巨大载荷拉脱罐盖卡齿，罐盖飞出。

快开门安全联锁装置未装设典型案例有吉林省长春市2018年“8·25”杀菌锅爆炸事故、河北省保定市2019年“4·12”蒸锅爆炸事故等。

2）未装设安全附件。典型案例有广东省开平市2017年“4·9”烘缸爆炸事故等。

3）温度压力安全联锁保护装置解列。典型案例有江西省九江市 2017 年“7·2”反应釜爆炸事故等。

4）安全阀排出口未装设放空管。典型案例有江苏省无锡市 2018 年“12·8”氮气罐泄漏事故。该起事故中，安全阀排出口未装设放空管，安全阀氮气泄放，且特气室中通风等相关设置不符合国家标准《特种气体系统工程技术规范》（GB 50646—2011）[①] 中的相关规定，造成人员窒息。

（2）质量缺陷。质量缺陷典型案例有江西省九江市 2017 年“7·2”反应釜爆炸事故。该事故的主要原因是使用了有质量缺陷的报废设备。质量缺陷主要是搅拌桨存在动平衡问题，不能持续搅拌。同时，搅拌与升温、控温操作不及时，致使反应断断续续，反应时间滞后，最终导致温度、压力异常升高，超过工艺规定的边界值，釜体发生爆炸。另一起质量缺陷事故是四川省德阳市 2018 年“5·31”低压废热锅炉爆裂事故。该事故的主要原因是工装接管端盖板存在焊接缺陷、端盖板厚度不足。低压废热锅炉集气器短节上的氦检漏水压大接管端盖（产品辅助工装）因焊接接头型式不符合国家标准要求、端盖板厚度不足、端盖板拼接焊缝存在缺陷等导致结构强度严重不足，在进行低压废热锅炉产品壳程焊缝预检漏时，大接管端盖受压破裂、脱落，导致事故发生。

（3）单向阀失效。单向阀失效典型案例有江西省九江市 2018 年“3·12”缓冲罐爆炸事故。该事故的主要原因是单向阀失效、高压串低压、超压撕裂。柴油加氢装置循环氢压缩机异常停机，

---

① 该标准已于 2020 年 10 月 1 日被《特种气体系统工程技术标准》（GB 50646—2020）替代。

加氢进料泵 P501B 联锁停泵。在处置过程中，因出口阀门未及时关闭，且与 P501B 关联的两个单向阀失效，系统内的高压氢气通过停止运行的 P501B 反窜入缓冲罐 V501，导致 V501 发生超压撕裂，并引发爆炸和火灾。

（4）内表面局部腐蚀减薄。内表面局部腐蚀减薄典型案例有山东省莱芜市 2018 年“10·23”储气罐泄漏事故，其主要原因是内表面局部腐蚀减薄造成强度失效。

3.2.2 人为原因

2017—2019 年压力容器事故人为原因分布如图 3.6 所示。主要表现有未及时排除安全联锁装置失效隐患（8 起，占比 34.8%），擅自更改、停用、拆除安全联锁装置或其他安全附件（7 起，占比 30.4%），应急处置不当（3 起，占比 13.0%），超温或超压运行（2 起，占比 8.7%），未及时处理部件故障或超标缺陷（2 起，占比 8.7%），擅自启用长期停用或报废的设备（2 起，占比 8.7%），带压拆卸（1 起，占比 4.3%）。

（1）未及时排除安全联锁装置失效隐患。典型案例如湖南省益阳市 2017 年“2·23”蒸压釜爆炸事故、上海市 2017 年“9·11”硫化罐泄漏事故、山东省威海市 2018 年“3·26”蒸压釜爆炸事故（安全联锁装置接线错误）、湖南省常德市 2018 年“10·13”蒸压釜爆炸事故等。

（2）擅自更改、停用、拆除安全联锁装置或其他安全附件。典型案例如江西省九江市 2017 年“7·2”反应釜爆炸事故，涉及擅自停用温度压力安全联锁保护装置；吉林省长春市 2018 年“8·25”杀菌锅爆炸事故，涉及无安全联锁装置；河北省保定市 2019 年“4·12”蒸锅爆炸事故，涉及安全联锁装置未设或解列

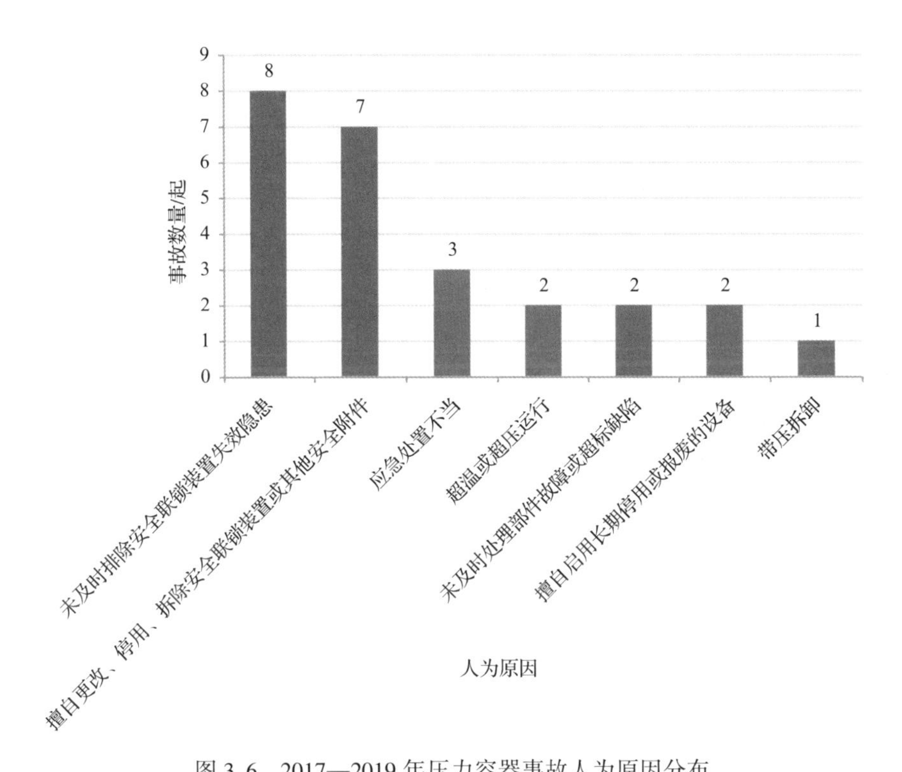

图 3.6　2017—2019 年压力容器事故人为原因分布

等。

（3）应急处置不当。典型案例如内蒙古自治区阿拉善盟 2017 年“2・21”反应釜爆炸事故。该事故中，反应釜物料发生放热反应，断电后冷却水中断，却断续监控运行，导致温度超过设计值，多次泄压未能降低压力，在安全阀、放空阀全开及安全阀、爆破片全部动作的情况下，压力依然快速上升，超温超压导致爆炸。在黑龙江省齐齐哈尔市 2017 年“12・12”分汽缸泄漏事故中，由于分汽缸停止使用后，其内部的水没有排除干净，并且在环境温度为-20 ℃的情况下未预热分汽缸就直接向分汽缸加入大

量蒸汽，导致分汽缸产生“蒸汽水击”。“蒸汽水击”产生后，现场工作人员误认为“蒸汽水击”是金属热膨胀现象，没有关闭支汽管上的蒸汽阀门停止送汽。频繁“蒸汽水击”的冲击压力，很快造成分汽缸筒体破裂，高压蒸汽泄漏。在江苏省无锡市2018年“12·8”氮气罐泄漏事故中，氮气罐安全阀发生泄放导致进入特气室的人员发生氮气窒息，氮气罐安全阀排出口未装设放空管将排放的氮气引至安全地点，特气室中通风等相关设置不符合国家标准《特种气体系统工程技术规范》（GB 50646—2011）中的相关规定。

（4）超温或超压运行。典型案例如内蒙古自治区阿拉善盟2017年“2·21”反应釜爆炸事故、广东省开平市2017年“4·9”烘缸爆炸事故。其中，在广东省开平市2017年“4·9”烘缸爆炸事故中，实际工作压力超过其最高允许工作压力，设备长时间在超压、超温的条件下运行，导致烘缸发生爆炸。

（5）未及时处理部件故障或超标缺陷。典型案例如江西省九江市2017年“7·2”反应釜爆炸事故。该事故中，搅拌桨存在动平衡问题，不能持续搅拌，未及时处理，且开启搅拌与升温、控温操作不及时，致使反应断断续续，反应时间滞后，最终导致温度、压力异常升高，超过工艺规定的边界值，釜体发生爆炸。又如，在山东省莱芜市2018年“10·23”储气罐泄漏事故中，未及时处理储气罐内表面存在的严重局部腐蚀导致强度失效而发生事故。

（6）擅自启用长期停用或报废的设备。典型案例如江西省九江市2017年“7·2”反应釜爆炸事故，事故设备是存在质量缺陷的报废设备；吉林省长春市2018年“8·25”杀菌锅爆炸事故，事故设备是无安全联锁装置的长期停用设备。

（7）带压拆卸。典型案例如新疆维吾尔自治区乌鲁木齐市2017年“11·30”油浆蒸气发生器爆炸事故，设备安装公司施工人员带压（壳程压力为2.2 MPa）拆卸E2208/2油浆蒸气发生器壳体与管箱的连接螺栓，螺栓断裂，管箱与管束飞出。

3.3　风险警示与防控

设备风险主要是安全附件失效、解列或未装设，尤其是快开门安全联锁装置失效、解列或未装设。

人为风险主要是未及时排除安全联锁装置失效隐患，以及擅自更改、停用、拆除安全联锁装置或其他安全附件。

3.3.1　加强快开门安全联锁装置等安全附件功能检查

《市场监管总局办公厅关于做好复工复产特种设备安全监管和服务保障工作的通知》（市监特设〔2020〕20号）要求重点排查压力容器等承压类特种设备的安全阀、安全联锁装置功能等是否可靠。

3.3.2　完善危险源分析，确保设备完整性

针对设备次要风险如内表面局部腐蚀减薄等问题，以及人为次要风险如超温或超压运行、带压拆卸等问题，生产单位有必要进行危险源分析。例如，针对事故设备故障可能的后果进行评估，可以结合开展HAZOP（危险与可操作性）分析等工作，排除隐患，据此制定不同等级的检维修策略。

第四章 电梯事故原因分析及风险警示

4.1 事故概述

2017—2019 年各地通过全国特种设备事故管理系统上报电梯类事故及相关事故共 120 起（88 起事故、32 起相关事故），本章内容以其中具有相对完整结案材料的 90 起（87 起事故、3 起相关事故）为研究对象，所有分析结果均以此为基数计算得出。

按年度统计，2017—2019 年 90 起电梯事故的分布情况如图 4.1 所示。

4.1.1 按电梯类别统计

2017—2019 年电梯事故按电梯类别分布情况如图 4.2 所示。

由图 4.2 可见，2017—2019 年发生的 90 起电梯事故中，曳引与强制驱动电梯共发生事故 77 起（乘客电梯 64 起，载货电梯 13 起），占 85.6%；自动扶梯与自动人行道发生事故 9 起，占

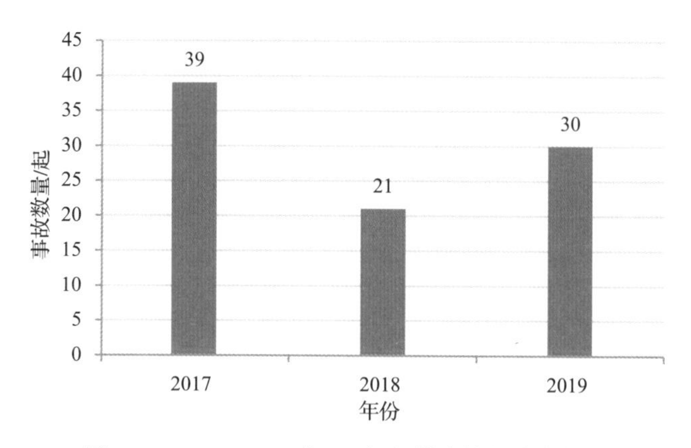

图 4.1　2017—2019 年 90 起电梯事故的分布情况

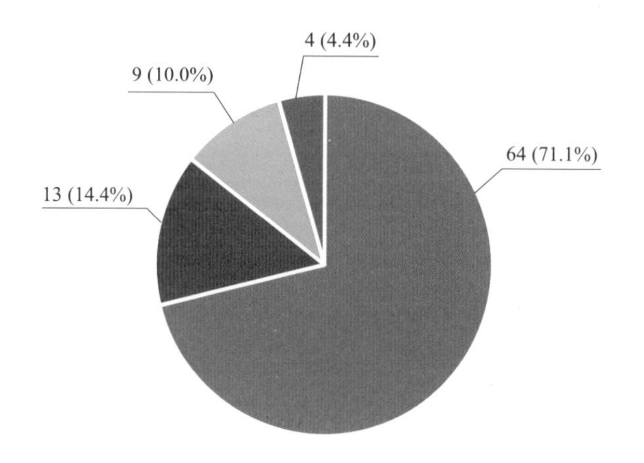

图 4.2　2017—2019 年电梯事故按电梯类别分布情况

10.0%；杂物电梯发生事故 4 起，占 4.4%，这与我国电梯总数中各类别电梯的占比大致相当（杂物电梯事故占比偏高）。

4.1.2 按事故特征统计

依据安全技术规范《特种设备事故报告和调查处理导则》（TSG 03—2015）中有关事故特征分类情况，2017—2019 年发生的 90 起电梯事故中，表现为坠落事故特征的有 35 起（含 8 起因救援处置不当而引发的被困人员坠落事故），挤压（剪切）的有 30 起，受困（滞留）的有 10 起（滞留时间超过 2 h），碰撞的有 9 起，冲顶（蹲底）的有 5 起，着火的有 1 起。2017—2019 年电梯事故按事故特征分布情况如图 4.3 所示。

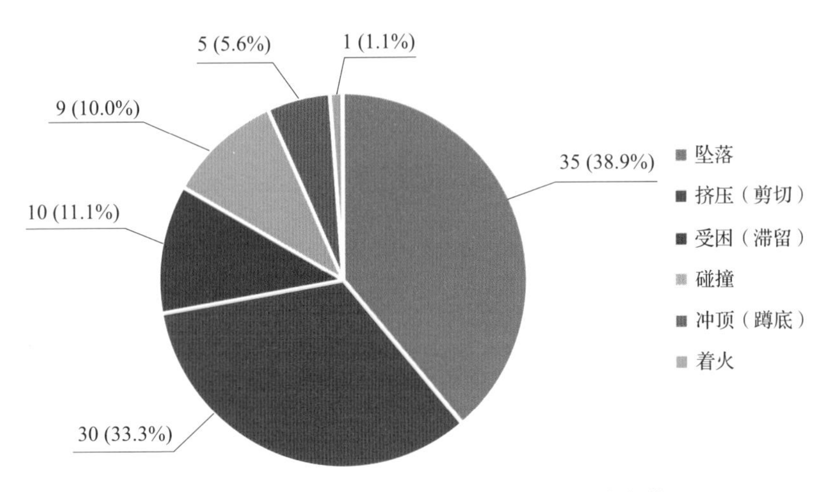

图 4.3　2017—2019 年电梯事故按事故特征分布情况

由图 4.3 可见，电梯事故特征主要表现为坠落和挤压（剪切），共有 65 起，占事故总数的 72.2%，由此产生的人员伤害也最为明显。电梯碰撞、蹲底与冲顶事故有 14 起，占事故总数的 15.6%。另外，还有 10 起事故表现为被困轿厢内的人员未能得到及时解救，滞留时间超过 2 h，占事故总数的 11.1%。

4.1.3　按事故发生时间段统计

分析 90 起电梯事故发生的时间，有 25 起事故发生时间段为下午（13：00—17：00），占事故总数的 27.8%；20 起事故发生时间段为上午（8：00—11：00），占事故总数的 22.2%；10 起事故发生时间段为早上（5：00—8：00），占事故总数的 11.1%；中午（11：00—13：00）和深夜（20：00—24：00）时间段内各发生 9 起事故，各占事故总数的 10.0%；8 起事故发生时间段为晚上（17：00—19：00），占事故总数的 8.9%；5 起事故发生时间段为半夜（19：00—20：00），占事故总数的 5.6%；4 起事故发生时间段为凌晨（1：00—5：00），占事故总数的 4.4%（如图 4.4 所示）。

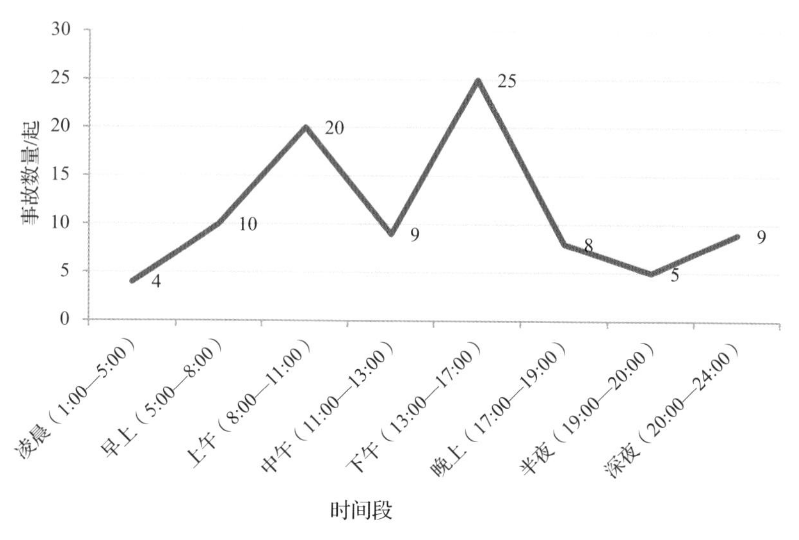

图 4.4　2017—2019 年电梯事故按事故发生时间段分布情况

由图 4.4 可见，近 50%的电梯事故发生在每天上午和下午两个时间段内，其他时间段，如早上、中午、晚上和深夜发生的事故数量较为一致，相对来说，凌晨和半夜时间段内发生事故数量偏少。发生事故的时间表明电梯乘用高峰和作业高峰都是事故高发时段。

4.1.4 按事故发生地区统计

2017—2019 年发生的 90 起事故中，发生地点涉及 22 个省份（自治区、直辖市），其中广东省发生 19 起事故，占事故总数的 21.1%；广西壮族自治区发生 7 起事故，占事故总数的 7.8%；吉林省发生 6 起事故，占事故总数的 6.7%（如图 4.5 所示）。

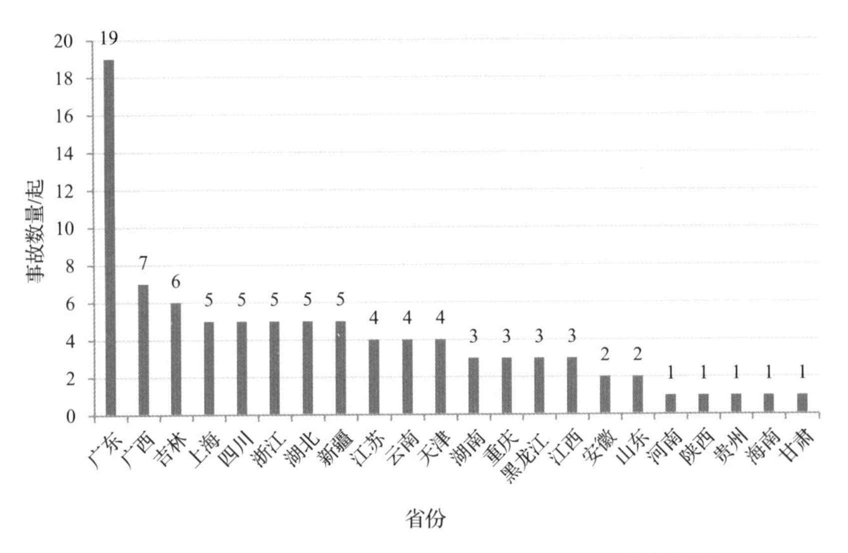

图 4.5　2017—2019 年电梯事故按事故发生地区分布情况

通过对广东、广西、吉林三省份发生的事故进行统计分析，设备的不安全状态（故障）引发了 13 起事故，占这三省份事故总数的 40.6%，其中 4 起事故与门锁装置故障有关；人的不安全行为引发了19起事故，占这三省份事故总数的59.4%，主要表现为安装人员、维修人员、乘用人员以及物业管理人员的不安全行为，其中与安装人员有关的有6起，与维修人员有关的有7起，与物业管理人员有关的有5起，与乘用人员有关的有1起。

从事故发生的地域分析，上述事故分布情况可能与以下因素有关：

（1）与在用电梯总量有关联。例如，广东省电梯总量居全国第一位。

（2）与作业人员综合技能有关联。例如，广西、吉林由于电梯生产企业较少，作业人员的技能可能相对较弱。

（3）与使用单位的管理能力和水平有关联。例如，中西部地区事故较多，这些地区使用单位的管理能力可能跟不上电梯数量发展和管理要求。

4.1.5　按伤亡情况统计

上述90起电梯事故共造成91人伤亡，平均每起事故导致1.01人伤亡。其中，死亡65人，占伤亡总人数的71.4%；受伤26人，占伤亡总人数的28.6%（如图4.6所示）。

从电梯事故伤亡情况分析，电梯事故的后果较为严重，死亡人数占伤亡总人数的七成以上。结合各类型电梯事故数量情况，曳引与强制驱动乘客电梯事故致死率为67.2%，曳引与强制驱动载货电梯事故致死率为92.3%，自动扶梯与自动人行道事故致死率为60.0%，杂物电梯事故致死率为100.0%。电梯作为公共场所和楼宇内使用的交通工具，一旦发生伤害事故会产生较大的社会影响。另外，鉴于自动扶梯使用场所的开放性和公众性特点，其事故发生后导致的伤害率较高，当前尤其要重视和预防自动扶

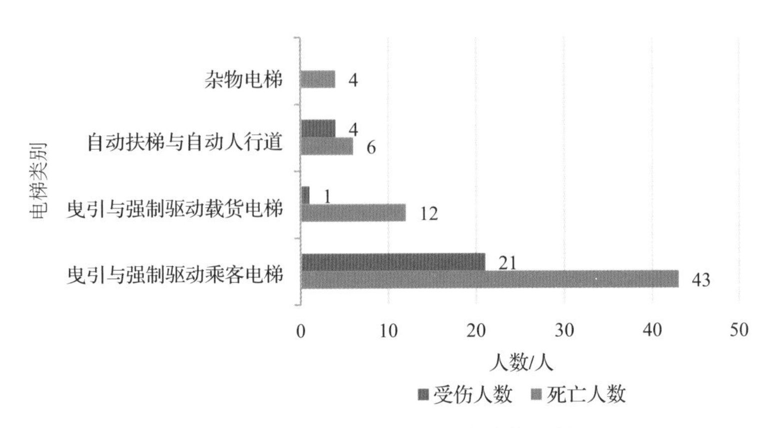

图 4.6　2017—2019 年电梯事故伤亡情况

梯事故的发生。

4.1.6　按伤亡人员类别统计

按伤亡人员类别统计，电梯事故造成伤亡的 91 人中有 43 人为普通乘客（电梯轿厢运送的人员），占伤亡总人数的 47.3%；22 人为维修人员，占伤亡总人数的 24.2%；16 人为安装人员，占伤亡总人数的 17.6%；6 人为物业管理人员，占伤亡总人数的 6.6%；4 人为使用人员（利用电梯为其服务的人员，如杂物电梯的使用人员），占伤亡总人数的 4.4%（如图 4.7 所示）。

从伤亡人员类别分析，电梯事故对乘用人员的伤害是第一位，对作业人员（安装人员、维修人员）的伤害是第二位，说明电梯设备对人的伤害对象主要是乘客，其次是维修与安装人员在作业过程中因违章操作造成的自我伤害。以上情况表明，在进一步提升和保持电梯设备安全性、可靠性的同时，还需对严格管理作业人员现场规范作业行为方面给予高度关注。

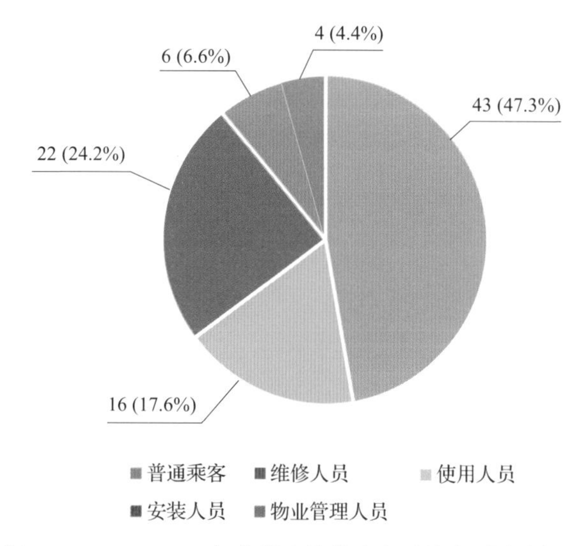

图 4.7　2017—2019 年电梯事故伤亡人员按类别分布情况

4.1.7　按事故发生环节统计

按事故发生环节统计，在电梯使用环节受到伤害的人数为 46 人，占伤亡总人数的 50.5%；在修理环节受到伤害的人数为 29 人，占伤亡总人数的 31.9%；在安装环节受到伤害的人数为 16 人，占伤亡总人数的 17.6%（如图 4.8 所示）。

统计分析表明，人员在电梯使用环节受到伤害的概率较高，一方面因多种原因导致电梯设备存在不安全状态，造成人员受到伤害，如安全保护装置失效、机械部件失效等；另一方面因人的不安全行为直接造成人员受到伤害，如扒层门、轿门等。此外，他人的不安全行为也是造成乘用人员受到伤害的因素之一，如在对被困人员进行救援处置的过程中采取措施不当而带来次生伤害，引发人员坠落事故等。

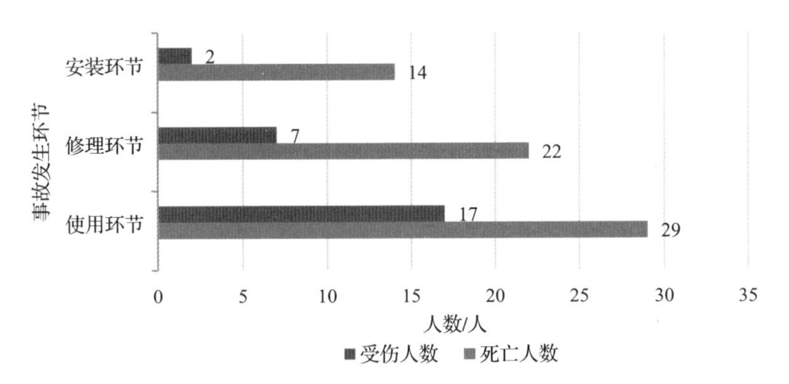

图 4.8　2017—2019 年电梯事故伤亡人员按事故发生环节分布情况

4.1.8　按事故伤害特征统计

从事故伤害特征来看，91 人中，坠落伤害的人数最多，有 40 人，占伤亡总人数的 44.0%；其次为挤压（剪切）伤害，有 31 人，占伤亡总人数的 34.1%。具体情况如图 4.9 所示。

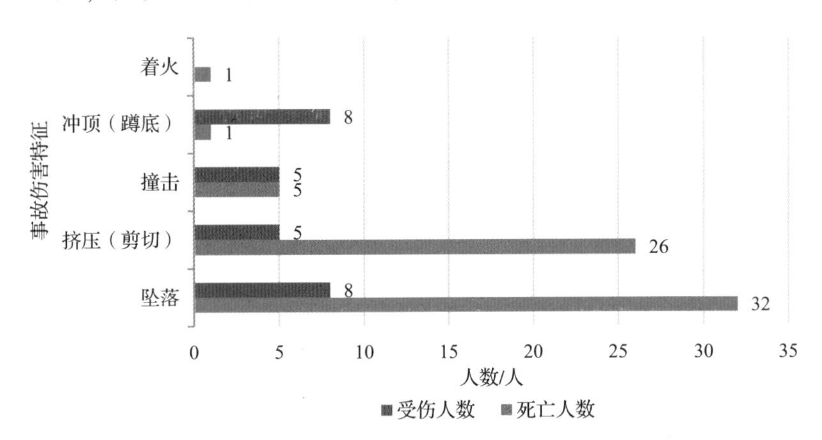

图 4.9　2017—2019 年电梯事故伤亡人员按事故伤害特征分布情况

统计结果表明，电梯事故伤害特征主要表现为坠落和挤压

（剪切），占人员伤亡总人数的七成以上。结合分析坠落和挤压（剪切）事故的发生原因，从技术和管理层面采取相应的措施，对于有效降低电梯事故的发生具有重要的意义。

4.2　事故原因分析及风险警示与防控

4.2.1　曳引与强制驱动电梯

（1）事故概况。2017—2019 年发生的 90 起电梯事故中，有 77 起为曳引与强制驱动电梯事故，共造成 77 人伤亡。

1）按事故发生环节统计。2017—2019 年曳引与强制驱动电梯事故在安装、修理和使用环节分别有 15 人、24 人和 38 人受到伤害，如图 4.10 所示。

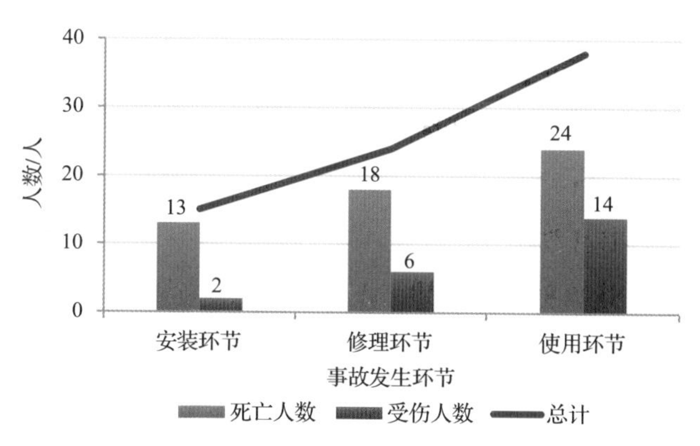

图 4.10　2017—2019 年曳引与强制驱动电梯伤亡人员按事故发生环节分布情况

2）按事故伤害特征统计。2017—2019 年曳引与强制驱动电梯事故伤亡人员按事故伤害特征分布情况如图 4.11 所示。

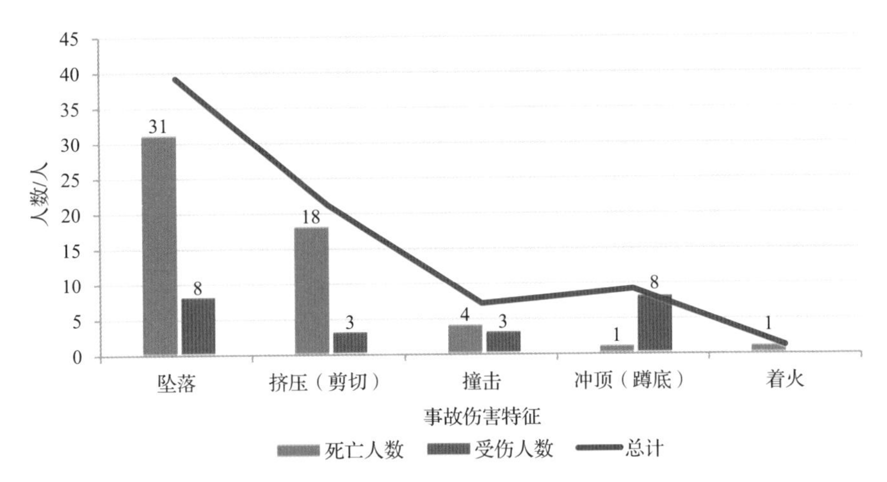

图 4.11　2017—2019 年曳引与强制驱动电梯事故伤亡人员按事故伤害特征分布情况

由图 4.11 可见，77 起事故的伤害特征形式多样，包括坠落、挤压（剪切）和撞击等。其中，坠落和挤压（剪切）造成的伤亡人员较多，分别为 39 人和 21 人，这是事故预防技术关注的重点。

（2）事故原因分析。从人的不安全行为和设备的不安全状态两个方面对 77 起曳引与强制驱动电梯事故发生的原因进行统计、归纳和分析，可以看出，某些事故并非是由单一原因引起的，而是人员的不安全行为，或加之设备处于不安全状态等多个因素组合造成的。

1）人的不安全行为。77 起事故中，事故原因涉及人的不安全行为的有 61 起（每起事故可能包含多种不同人员的不安全行为），主要涉及安装人员、维修人员的违规行为导致设备出现不安全状况，以及乘用人员、物业管理人员在乘用、应急救援等过程中存在不安全行为。

①作业人员。作业人员的不安全行为主要表现为在安装、维修保养以及应急救援过程中因行为不当导致事故发生，伤害形式主要表现为坠落伤害以及门区域的剪切挤压伤害。例如，维修人员人为短接门锁电气安全装置，以致验证层门、轿门闭合的电气安全装置失效，电梯“开门走车”，造成人员在门区域坠落或受到剪切挤压伤害；在进入轿顶或在轿顶作业时未将电梯置为检修运行状态，也未按下紧急停止按钮，造成在轿顶区域作业的人员受到伤害；在实施应急救援过程中不按规范作业，导致被困人员坠落或受到挤压等伤害；在不具备操作资质的情况下维修电梯，导致自身伤害等。

②乘用人员。乘用人员的不安全行为主要表现为擅自扒开电梯层门、救援过程配合不当、用物体（如电瓶车、棍棒等）阻挡电梯门等。

③物业管理人员。物业管理人员的不安全行为主要表现为违规使用三角钥匙和在应急救援过程中行为不当引发人员坠落事故；擅离职守造成被困人员无法及时与外界取得联系，以致困人时间超过 2 h 等。

由以上分析可知，在曳引与强制驱动电梯事故中，无论是作业人员、乘用人员还是物业管理人员，人的不安全行为导致的事故比例约为 79. 2%，这表明人的不安全行为是造成人员伤害、事故发生的关键因素。因此，关注和研究如何规范相关人员的行为，可有效预防和减少电梯事故的发生。

2）设备的不安全状态。77 起事故中涉及设备不安全状态的有 46 起，主要表现为门锁、制动器、紧急报警装置等部分安全保护装置和主要部件损坏或功能失效等。这些部件损坏和功能失效的原因大都与维修人员的违规作业有关，以致设备未能保持原

有的安全性能。

①“门”相关部件的不安全状态。设备的不安全状态中表现最多的为与“门”相关的各种问题，如门机电联锁装置失效（人为、绝缘损坏等）、层门自动关闭装置失效以及门滑块磨损老化等。这些问题的存在有时是致命的，其结果就是人员在门区域跌入井道内或被意外移动的轿厢剪切、挤压等。与“门”相关部件的不安全状态主要表现形式如图 4. 12 所示。

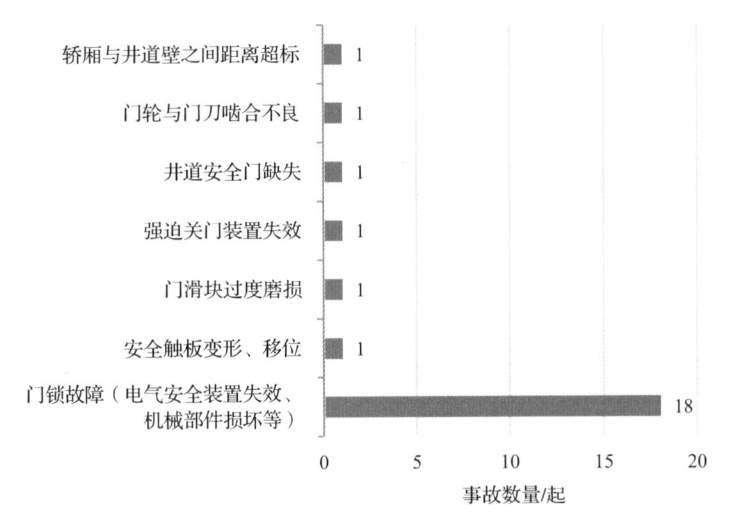

图 4. 12　与“门”相关部件的不安全状态主要表现形式

②其他部件的不安全状态。其他部件的不安全状态主要表现为制动器失效引发的挤压、剪切、冲顶及蹲底事故等，其失效形式主要为制动器重要部件如制动销、电磁衔铁运行时发生卡阻以及制动闸瓦磨损等，以致制动器的制动力矩降低甚至完全丧失。另外，轿厢内应急报警装置故障，造成滞留人员无法及时与外界取得联系，也是引发人员被困轿厢内超过 2 h 的主要因素之一。

其他部件的不安全状态主要表现形式如图 4.13 所示。

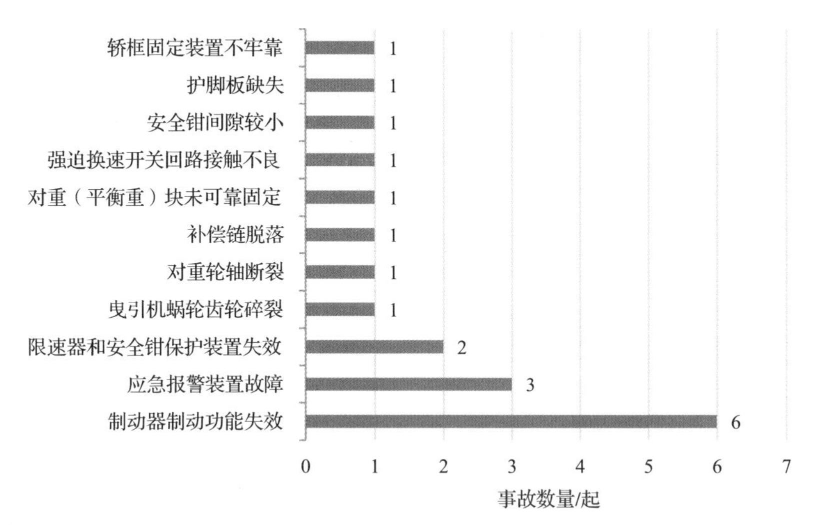

图 4.13　其他部件的不安全状态主要表现形式

以上设备存在的问题看似是设备本身的安全性能没有得到持续有效的保持，究其原因是电梯零部件的安全可靠性不足、作业人员能力不足，造成电梯在运行过程中安全保护缺失、主要部件失效，进而导致事故发生。

（3）风险警示与防控。分析曳引与强制驱动电梯事故的伤害特征，对人员伤害较大的事故伤害特征为坠落（含解救被困人员过程中引发的坠落，占比 44.2%）、挤压（含剪切，占比 25.9%）、撞击（含冲顶、蹲底，占比 15.6%）和困人（占比 12.9%），共占曳引与强制驱动电梯事故的 98.6%。

1）对坠落的风险分析与预防措施。

坠落事故产生的原因，主要集中在与层门有关联的因素，如门锁、三角钥匙开锁装置和层门门脚等；作业过程中违规人为短接门锁造成门锁装置功能失效；物业管理人员在日常安全管理中擅自使用三角钥匙开启层门；现场救援处置不当。

①改进电梯本质安全，如按照《电梯监督检验和定期检验规则——曳引与强制驱动电梯》（TSG T7001—2009）第 2 号修改单中的要求，增加对门旁路装置、门回路检测功能的技术要求。

②增加对电梯维修人员的技能要求，如电梯维修人员应具备电梯中级工资质才能进行独立的维修作业。

③建立电梯钥匙分级管理制度，对电梯三角钥匙、机房门钥匙、锁梯钥匙等实行不同等级的安全管理，尤其要确保三角钥匙不被滥用或误用。

2）对挤压（剪切）的风险分析与预防措施。

这类事故发生的原因有作业人员人为短接门锁，造成“开门走车”；在轿顶作业过程中违反作业程序；制动器安全性能没有保持，造成轿厢意外移动。

电梯制造单位随机出品的电梯技术文件资料中应具有电梯安装、维修作业的指导书（现有的作业指导书太笼统，不具有电梯自身特点），包含重要零部件如制动器、曳引机、限速器、层门、悬挂系统维修调整细则，并公开这部分的基础技术资料。

3）对电梯撞击、冲顶（蹲底）的风险分析与预防措施。

分析其风险点，主要是制动器失效，或作业人员违反吊装工艺等，导致零部件脱落。

应提升电梯制动器的本质安全水平，电梯制造单位应提出制动器工作寿命和维修方法、检测方法，使得制动器安全性能可靠、可测、可维护。

4）对电梯困人的风险分析与预防措施。

分析产生的原因，主要是因电梯安全监测装置监测到电梯故障，电梯停止运行导致电梯轿厢困人。同时，电梯轿厢内应急报警装置故障，或现场救援装置失效或缺失；应急处置不力、人员脱岗等导致救援过程迟缓等。

①落实生产单位主体责任，维持电梯的安全性能，尤其是保持应急报警、应急照明等装置有效。

②落实使用单位主体责任，如值守制度、应急通信、人员培训等，保证电梯在使用过程中始终得到有效的安全管理和监护。

③电梯制造单位应编写符合电梯特点的救援程序。

4.2.2　自动扶梯与自动人行道

（1）事故概况。2017—2019 年发生的 90 起电梯事故中，有 9 起为自动扶梯与自动人行道事故，占电梯事故总数的 10.0%，共造成 10 人伤亡，占伤亡总人数的 11.0%，与电梯数量的占有率接近。

1）按事故发生环节统计。2017—2019 年自动扶梯与自动人行道事故在安装、修理和使用环节分别有 1 人、5 人和 4 人受到伤害，如图 4.14 所示。

分析 2017—2019 年自动扶梯与自动人行道造成的人员伤害事故，一方面体现在修理环节，作业人员因违章作业使自身受到伤害；另一方面体现在使用环节，设备存在缺陷或故障造成乘用人员受到伤害。分析事故原因，作业人员的伤害主要源于自身对自动扶梯与自动人行道的安全性能不了解；乘用人员的伤害主要与自动扶梯和自动人行道的安全性能未能持续有效保持有关。

2）按事故伤害特征统计。9 起事故伤害特征主要表现为挤压（剪切）和撞击。其中，挤压（剪切）造成的伤亡人数最多，为

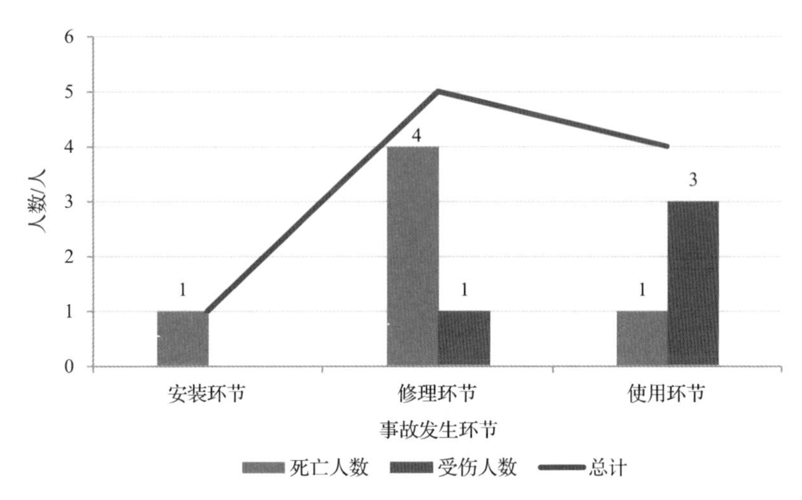

图 4.14　2017—2019 年自动扶梯与自动人行道事故伤亡人员按事故发生环节分布情况

7 人。对维修人员的挤压和对乘用人员的挤压事故各占 50.0%，究其原因都是自动扶梯与自动人行道存在设备缺陷。另外，还有 3 人的伤害特征表现为撞击，一方面与设备的安全运行状态未能有效保持有关，如梯级、扶手带运行速度不同步等；另一方面与内盖板、围裙板等部件松动脱落有关，造成与乘用人员的肢体发生剐蹭、碰撞。

（2）事故原因分析。从人的不安全行为和设备的不安全状态两个方面对 9 起自动扶梯与自动人行道事故发生的原因进行统计、归纳和分析可知，某些事故并非是由单一原因引起的，而是人的不安全行为，或加之设备的不安全状态等多个因素组合造成的。

1）人的不安全行为。9 起事故中，事故原因涉及人的不安全行为的有 6 起（每起可能表现为多种不安全行为），主要涉及安

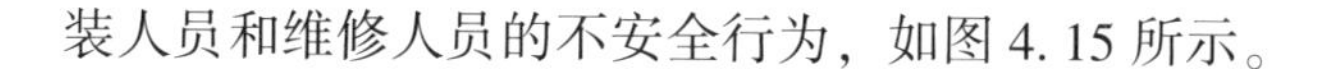

装人员和维修人员的不安全行为，如图 4. 15 所示。

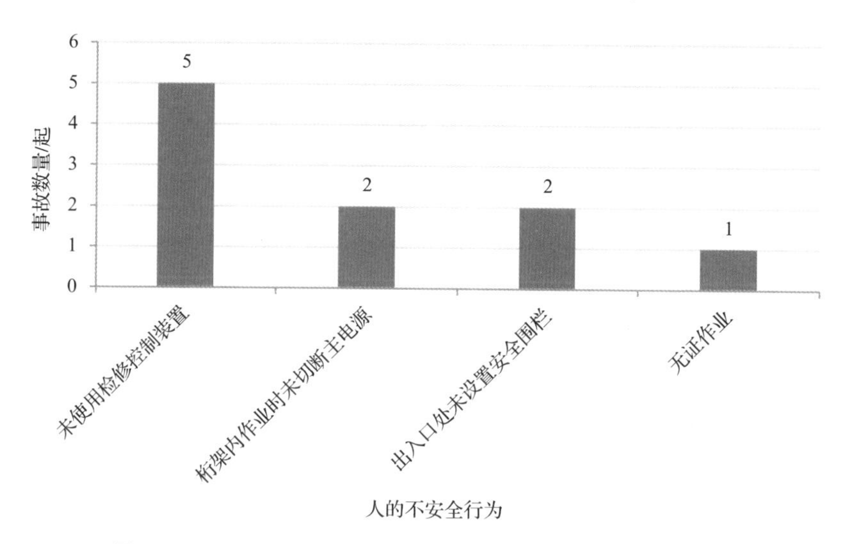

图 4. 15 2017—2019 年自动扶梯与自动人行道事故涉及人的不安全行为的分布情况

2）设备的不安全状态。在 9 起事故中，事故原因涉及设备的不安全状态的有 3 起，如图 4. 16 所示。

从设备问题看自动扶梯与自动人行道的安全状况，除与设备的安全状态未能得到保持有关外，还与相关部件的缺损、固定松脱等有关。例如，梳齿板缺、断齿，会影响梳齿板与梯级之间的间隙、啮合程度，加大人员肢体被卷入以及设备部件间碰撞的风险。由此可见，梳齿板的完好性需给予关注和重视，部件安全性能也有待提高。

（3）风险警示与防控。设备风险主要是梳齿板缺、断齿，内盖板固定螺钉缺失等。

人为风险主要是未使用检修控制装置、检修未切断主电源

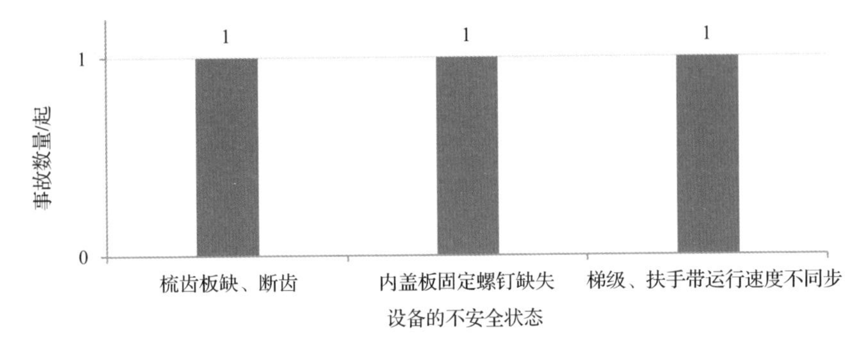

图 4.16　2017—2019 年自动扶梯与自动人行道事故涉及设备的不安全状态的主要表现形式

等。

1）开展自动扶梯与自动人行道安全防护性能的研究，提升本质安全水平。例如，在自动扶梯上增加防止梯路意外移动的措施，增加对梳齿板异物卡入保护装置触发力的要求，增加防止乘用人员在乘用过程中坠落等的安全措施。

2）针对自动扶梯和垂直升降电梯不同的技术特性，建议把自动扶梯维修保养作业人员资质证书单独立项，不与垂直升降电梯共享上岗资格，进行针对性的培训教育和独立考核上岗。

3）针对自动扶梯开放性和大运输量的特点，应从场所适用性方面提出不同场所自动扶梯选型配置方面的要求，规定在自动扶梯的使用场所应建立必需的安全使用标识等。

4）制造单位应增加和完善作业指导书，细化安装、维修、检测试验的作业方法和要求，并通过适当的方式向社会公布。

4.2.3　杂物电梯

（1）事故概况。2017—2019 年发生的 90 起电梯事故中有 4

起为杂物电梯事故，共造成4人伤亡。

1）按事故发生环节统计。4起事故全部发生在使用环节。

2）按事故特征统计。4起事故中，3起事故特征表现为挤压（剪切），1起表现为坠落。

（2）事故原因分析。4起事故中，人的不安全行为主要表现为违规乘用杂物电梯，人为短接门锁回路造成设备处于不安全的运行状态；设备的不安全状态主要表现为层门机械锁紧装置失效。

（3）风险警示与防控。设备风险主要是层门机械锁紧装置失效。

人为风险主要是人为短接门锁回路等。

1）提升杂物电梯的本质安全水平，特别是提高杂物电梯层门、轿门锁紧装置（电气、机械）的安全可靠性。

2）针对杂物电梯多在油污、潮湿、粉尘等环境下使用的情况，应提出相应的针对性安全技术要求，提升杂物电梯电气与机械部件防油污、潮湿、粉尘的能力。

3）杜绝在餐饮场所、医院、学校等公共场所使用无证的杂物电梯和变相的井道升降机、传菜机。

第五章 起重机械事故原因分析及风险警示

按《特种设备目录》的定义，起重机械是指用于垂直升降或者垂直升降并水平移动重物的机电设备，其范围规定为额定起重量大于或者等于0.5 t的升降机；额定起重量大于或者等于3 t（或额定起重力矩大于或者等于40 t·m的塔式起重机，或生产率大于或者等于300 t/h的装卸桥），且提升高度大于或者等于2 m的起重机；层数大于或者等于2层的机械式停车设备。

起重机械一般按其构造特点和主要用途进行分类。根据《特种设备目录》，起重机械分类见表5.1。

表5.1　起重机械分类

类别	品种
桥式起重机	通用桥式起重机
	防爆桥式起重机
	绝缘桥式起重机
	冶金桥式起重机
	电动单梁起重机
	电动葫芦桥式起重机

续表

类别	品种
门式起重机	通用门式起重机
	防爆门式起重机
	轨道式集装箱门式起重机
	轮胎式集装箱门式起重机
	岸边集装箱起重机
	造船门式起重机
	电动葫芦门式起重机
	装卸桥
	架桥机
塔式起重机	普通塔式起重机
	电站塔式起重机
流动式起重机	轮胎起重机
	履带起重机
	集装箱正面吊运起重机
	铁路起重机
门座式起重机	门座起重机
	固定式起重机
升降机	施工升降机
	简易升降机
缆索式起重机	
桅杆式起重机	
机械式停车设备	

本次事故统计分析的均是符合上述定义和分类的起重机械。

5.1 事故概述

2017—2019 年各地通过全国特种设备事故管理系统上报起重机械类事故及相关事故共 119 起（100 起事故、19 起相关事故），本章内容以其中的 100 起事故（不含相关事故）为研究对象，所有分析结果均以此为基数计算得出。

5.1.1 按年度统计

2017—2019 年起重机械事故按年度分布情况如图 5.1 所示。

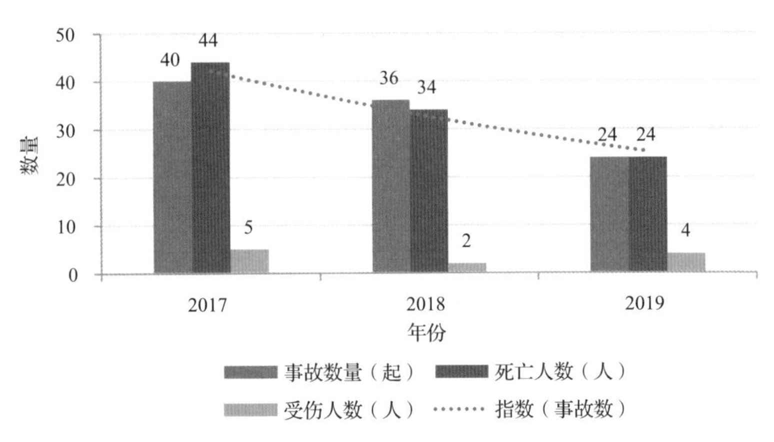

图 5.1　2017—2019 年起重机械事故按年度分布情况

从图 5.1 中可以看出，起重机械这三年的事故数量和伤亡人数下降非常明显，2018 年的事故数量比 2017 年下降了 10.0%，2019 年的事故数量又比 2018 年下降了 33.3%，表明我国严格实施《特种设备安全法》和《特种设备安全监察条例》以后，对起重机械的安全监察效果显著，安全形势逐年好转。

5.1.2　按事故发生地区统计

2017—2019 年起重机械事故按事故发生地区分布情况见表 5.2。

表 5.2　2017—2019 年起重机械事故按事故发生地区分布情况

省份	2017 年			2018 年			2019 年			合计		
	事故数量/起	死亡人数/人	受伤人数/人	事故数量/起	死亡人数/人	受伤人数/人	事故数量/起	死亡人数/人	受伤人数/人	事故数量/起	死亡人数/人	受伤人数/人
江苏	11	11	0	7	7	0	9	9	1	27	27	1
上海	8	7	1	4	4	0	3	3	0	15	14	1
辽宁	2	2	1	4	4	0	2	2	1	8	8	2
广东	1	1	0	7	6	1	0	0	0	8	7	1
云南	4	5	1	1	1	0	0	0	0	5	6	1
黑龙江	2	1	1	1	1	0	2	2	0	5	4	1
浙江	0	0	0	2	2	0	2	2	0	4	4	0
天津	2	2	0	1	1	0	1	1	0	4	4	0
湖北	3	3	0	1	1	0	0	0	0	4	4	0
重庆	0	0	0	2	2	0	1	1	0	3	3	0
湖南	2	2	0	1	1	0	0	0	0	3	3	0
山东	2	7	1	0	0	0	0	0	0	2	7	1
青海	1	1	0	0	0	0	1	1	0	2	2	0
安徽	1	1	0	0	0	0	1	1	0	2	2	0
内蒙古	0	0	0	2	2	0	0	0	0	2	2	0
宁夏	0	0	0	1	0	1	1	1	2	2	1	3
四川	0	0	0	0	0	0	1	1	0	1	1	0
福建	0	0	0	1	1	0	0	0	0	1	1	0
吉林	0	0	0	1	1	0	0	0	0	1	1	0
江西	1	1	0	0	0	0	0	0	0	1	1	0
合计	40	44	5	36	34	2	24	24	4	100	102	11

从表 5. 2 可见，2017—2019 年全国有 20 个省份发生了起重机械事故，发生范围很广，其中发生事故较多的有江苏、上海、辽宁和广东。全国制造业及经济比较发达的地区，起重机械使用量大，发生事故的比例相对较高。大部分省份的起重机械事故呈现出逐年下降的趋势。

按事故发生的区域统计，2017—2019 年起重机械事故的分布情况如图 5. 2 所示。

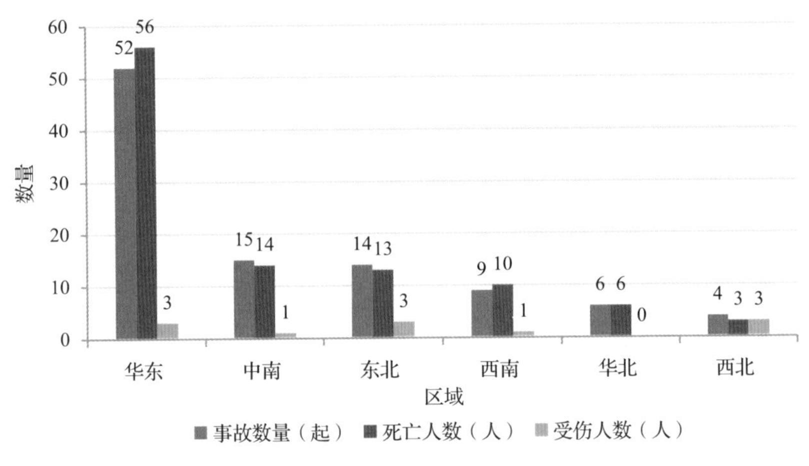

图 5. 2　2017—2019 年起重机械事故区域分布情况

从图 5. 2 可见，华东地区起重机械事故较多，这与该区域起重机械在用量和制造业发展规模密切相关的。

5. 1. 3　按事故等级统计

2017—2019 年起重机械事故按事故等级分布情况见表 5. 3。

表 5.3　2017—2019 年起重机械事故按事故等级分布情况

事故等级	2017 年			2018 年			2019 年			合计		
	事故数量/起	死亡人数/人	受伤人数/人	事故数量/起	死亡人数/人	受伤人数/人	事故数量/起	死亡人数/人	受伤人数/人	事故数量/起	死亡人数/人	受伤人数/人
较大事故	1	6	1	1	1	0	2	2	1	4	9	2
一般事故	39	38	4	35	33	2	22	22	3	96	93	9
合计	40	44	5	36	34	2	24	24	4	100	102	11

从表 5.3 可见，2017—2019 年起重机械发生的事故大多为一般事故，占事故总数的 96.0%。2017 年在山东省发生的一起较大事故，起重机械在拆卸过程中倒塌，造成 6 死 1 伤；其余 3 起较大事故伤亡人数都不多，只是事故中的门式起重机都发生了倾覆，按《特种设备安全监察条例》的规定，将其归为较大事故。2017—2019 年起重机械没有发生重大和特别重大事故。

5.1.4　按起重机械类别统计

2017—2019 年起重机械事故按产品类别分布情况见表 5.4。

表 5.4　2017—2019 年起重机械事故按产品类别分布情况

产品类别	2017 年			2018 年			2019 年			合计		
	事故数量/起	死亡人数/人	受伤人数/人	事故数量/起	死亡人数/人	受伤人数/人	事故数量/起	死亡人数/人	受伤人数/人	事故数量/起	死亡人数/人	受伤人数/人
桥式起重机	21	21	0	23	21	2	11	11	3	55	53	5
门式起重机	10	13	5	5	5	0	3	3	0	18	21	5
门座式起重机	5	5	0	3	3	0	8	8	1	16	16	1
流动式起重机	2	2	0	2	2	0	1	1	0	5	5	0
升降机	1	1	0	3	3	0	1	1	0	5	5	0

续表

产品类别	2017年			2018年			2019年			合计		
	事故数量/起	死亡人数/人	受伤人数/人	事故数量/起	死亡人数/人	受伤人数/人	事故数量/起	死亡人数/人	受伤人数/人	事故数量/起	死亡人数/人	受伤人数/人
塔式起重机	1	2	0	0	0	0	0	0	0	1	2	0
合计	40	44	5	36	34	2	24	24	4	100	102	11

从表 5.4 可见，桥式和门式起重机事故占起重机械事故总数的 73.0%，这与两类起重机的广泛应用是相一致的。门座式起重机事故占起重机械事故总数的 16.0%，比例也不低。缆索式起重机、桅杆式起重机和机械式停车设备在 2017—2019 年没有发生人身伤亡事故。

按平均单次事故的死亡人数和受伤人数统计，各类起重机的情况见表 5.5。

表 5.5　2017—2019 年起重机械平均单次事故死亡人数和受伤人数情况

平均单次事故伤亡人数	桥式起重机	门式起重机	门座式起重机	流动起重机	升降机	塔式起重机	合计
平均单次事故死亡人数/人	0.96	1.17	1.00	1.00	1.00	2.00	1.02
平均单次事故受伤人数/人	0.09	0.28	0.06	0.00	0.00	0.00	0.11

从表 5.5 可见，塔式起重机平均单次事故死亡人数最高，门式起重机第二。门式起重机平均单次事故受伤人数最高，桥式起重机第二。2017—2019 年每起事故平均死亡 1.02 人，受伤 0.11 人。

按发生事故的起重机械具体产品品种划分，针对 2017—2019 年累计发生 5 起以上事故的起重机品种，其事故分布情况见表 5.6。

表 5.6　　2017—2019 年累计发生 5 起以上事故的起重机品种的事故分布情况

产品品种	2017 年			2018 年			2019 年			合计		
	事故数量/起	死亡人数/人	受伤人数/人	事故数量/起	死亡人数/人	受伤人数/人	事故数量/起	死亡人数/人	受伤人数/人	事故数量/起	死亡人数/人	受伤人数/人
通用桥式起重机	13	13	0	16	15	1	5	5	1	34	33	2
固定式起重机	4	4	0	3	3	0	4	4	0	11	11	0
电动单梁起重机	4	4	0	3	2	1	4	4	0	11	10	1
通用门式起重机	4	8	2	1	1	0	1	1	0	6	10	2
电动葫芦桥式起重机	1	1	0	4	4	0	1	1	0	6	6	0
简易升降机	1	1	0	3	3	0	1	1	0	5	5	0
电动葫芦门式起重机	3	2	1	1	1	0	1	1	0	5	4	1
合计	30	33	3	31	29	2	17	17	1	78	79	6

从表 5.6 可见，按起重机械品种划分，通用桥式起重机的事故最多，占起重机械事故总数的 34.0%。固定式起重机和电动单梁起重机也属于事故多发品种，均占了事故总数的 11.0%。起重机械有近 30 种，但表内所列的这 7 种起重机的事故数量就占事故总数的 78.0%，伤亡人数占总数的 75.2%，对这些事故频发的起重机需要引起格外注意。

5.1.5　按额定起重量统计

2017—2019 年起重机械事故按起重机额定起重量（G）分布情况见表 5.7。

表 5.7　2017—2019 年起重机械事故按起重机额定起重量分布情况

额定起重量（G）	事故数量/起	死亡人数/人	受伤人数/人
$G \leqslant 10$	38	37	3
10 t<$G \leqslant$20 t	17	15	3
20 t<$G \leqslant$50 t	20	20	1
50 t<$G \leqslant$320 t	10	10	2
G>320 t	1	6	1
合计	86	88	10

表 5.7 是依据 2017—2019 年起重机械 100 起事故数据中标明了额定起重量的 86 起事故进行统计分析的。由表 5.7 可见，起重机械发生事故最多的是额定起重量在 10 t 及以下的起重机，这个范围的起重机数量多，操纵方式多为贴近吊重的地面手动控制，操作人员跟随起重机移动、视线范围不广、危险性大、无证操作人员多、违章作业多，所以事故数量也多。随着额定起重量的增加，事故数量逐渐减少，但平均单次事故伤亡人数却在增加。这是由于大型起重机作业面积大、吊重体积大、周边的辅助人员较多，一旦发生事故，波及面广，后果要比小型起重机严重得多。

根据《大型起重机械安装安全监控管理系统实施方案》安装了安全监控管理系统的大型起重机在 2017—2019 年只发生了 1 起一般事故，事故起重机为额定起重量为 75 t 的冶金桥式起重机，事故造成 1 人死亡、2 人受伤。由此可见，实施安全监控管理系统的效果是非常明显的。

5.1.6　按事故发生环节统计

2017—2019 年起重机械事故按事故发生环节分布情况见表 5.8。

表 5.8　2017—2019 年起重机械事故按事故发生环节分布情况

事故发生环节	2017 年			2018 年			2019 年			合计		
	事故数量/起	死亡人数/人	受伤人数/人	事故数量/起	死亡人数/人	受伤人数/人	事故数量/起	死亡人数/人	受伤人数/人	事故数量/起	死亡人数/人	受伤人数/人
使用环节	33	32	4	31	30	1	20	20	4	84	82	9
修理环节	6	6	0	4	4	0	4	4	0	14	14	0
拆卸环节	1	6	1	0	0	0	0	0	0	1	6	1
安装环节	0	0	0	1	0	1	0	0	0	1	0	1
合计	40	44	5	36	34	2	24	24	4	100	102	11

从表 5.8 可见，2017—2019 年起重机械事故绝大多数发生在使用环节，事故数量、死亡人数和受伤人数分别占比 84.0%、80.4%和 81.8%，且每年都维持在高发状态。发生在修理环节的事故占事故总数的 14.0%，死亡人数占 13.7%，且基本上每年都保持 15%左右的事故率，是需要引起重视的。拆卸环节虽然事故数量不多，但平均单次事故伤亡人数明显高于其他环节。

5.1.7　按事故直接原因统计

2017—2019 年起重机械事故按事故直接原因分布情况见表 5.9。

表 5.9　2017—2019 年起重机械事故按事故直接原因分布情况

事故直接原因	2017 年			2018 年			2019 年			合计		
	事故数量/起	死亡人数/人	受伤人数/人	事故数量/起	死亡人数/人	受伤人数/人	事故数量/起	死亡人数/人	受伤人数/人	事故数量/起	死亡人数/人	受伤人数/人
司机	32	31	4	26	24	2	16	16	4	74	71	10
维修人员	5	5	0	4	4	0	3	3	0	12	12	0

续表

事故直接原因	2017年			2018年			2019年			合计		
	事故数量/起	死亡人数/人	受伤人数/人	事故数量/起	死亡人数/人	受伤人数/人	事故数量/起	死亡人数/人	受伤人数/人	事故数量/起	死亡人数/人	受伤人数/人
设备	1	1	0	6	6	0	1	1	0	8	8	0
现场人员	0	0	0	0	0	0	3	3	0	3	3	0
拆卸人员	1	6	1	0	0	0	0	0	0	1	6	1
指挥	0	0	0	0	0	0	1	1	0	1	1	0
司索工	1	1	0	0	0	0	0	0	0	1	1	0
合计	40	44	5	36	34	2	24	24	4	100	102	11

从表5.9可见，起重机械事故直接原因中占比最高的是司机，事故数量、死亡人数和受伤人数分别占比74.0%、69.6%和90.9%，已成为导致起重机械事故发生的主要因素。维修人员维护和修理起重机不当造成的事故占12.0%。由于起重机本身的原因造成的事故占比8.0%，涉及设备老化、安全保护装置失效等。现场人员引发事故主要是违规进入场地造成的。起重机拆卸作业时拆卸人员违章操作造成的平均单次事故伤亡人数最高。

5.1.8 按伤亡人员类别统计

2017—2019年起重机械事故按伤亡人员类别分布情况见表5.10。

从表5.10可见，起重机械事故的最大受害者是在起重机械作业现场与起重机械作业无关的人员，其事故数量占比达50.0%，伤亡人数占比49.6%；其次是起重机司机，事故数量占比23.0%，伤亡人数占比21.2%。维修人员受到伤害的比例也不低，事故数量占比17%，伤亡人数占比15.0%。

表 5.10　2017—2019 年起重机械事故按伤亡人员类别分布情况

伤亡人员类别	2017 年			2018 年			2019 年			合计		
	事故数量/起	死亡人数/人	受伤人数/人	事故数量/起	死亡人数/人	受伤人数/人	事故数量/起	死亡人数/人	受伤人数/人	事故数量/起	死亡人数/人	受伤人数/人
现场人员	20	20	2	14	14	0	16	16	4	50	50	6
司机	7	6	2	11	10	1	5	5	0	23	21	3
维修人员	8	8	0	6	6	0	3	3	0	17	17	0
司索工	3	3	0	4	4	0	0	0	0	7	7	0
拆卸人员	1	6	1	0	0	0	0	0	0	1	6	1
指挥	1	1	0	0	0	0	0	0	0	1	1	0
安装人员	0	0	0	1	0	1	0	0	0	1	0	1
合计	40	44	5	36	34	2	24	24	4	100	102	11

既是事故的直接责任人，又成为事故受害者的事故有 34 起，死亡 32 人，受伤 3 人，其中最多的是司机，有 22 人，多为违章操作；其次是维修人员，有 8 人，涉及无证或违章作业。

起重机械事故死亡人员中男性为 95 人，占死亡总人数的 93.1%，女性为 7 人。受伤人员中男性为 10 人，占受伤总人数的 90.9%，女性为 1 人。这与起重机械作业男性居多相一致。

在起重机械事故报告中列明了伤亡人员年龄的有 82 起事故，事故伤亡人员的平均年龄为 43.6 岁，其中年龄最小的为 19 岁，年龄最大的为 72 岁。

在起重机械事故报告中列明了直接经济损失数值的有 35 起事故，直接经济损失合计 2 311 万元，平均每起事故的直接经济损失为 66.03 万元。其中直接经济损失最大为 200 万元，是一起死亡 1 人的通用桥式起重机事故。

5.1.9 按事故伤害特征统计

2017—2019年起重机械事故按事故伤害特征分布情况见表5.11。

表5.11 2017—2019年起重机械事故按事故伤害特征分布情况

事故伤害特征	2017年			2018年			2019年			合计		
	事故数量/起	死亡人数/人	受伤人数/人	事故数量/起	死亡人数/人	受伤人数/人	事故数量/起	死亡人数/人	受伤人数/人	事故数量/起	死亡人数/人	受伤人数/人
碰撞	17	17	0	6	5	1	8	8	0	31	30	1
挤压	11	10	2	15	14	1	3	3	0	29	27	3
物体打击	8	7	2	8	8	0	9	9	1	25	24	3
坠落	3	4	0	6	6	0	2	2	0	11	12	0
倒塌	1	6	1	1	1	0	1	1	1	3	8	2
烫伤	0	0	0	0	0	0	1	1	2	1	1	2
合计	40	44	5	36	34	2	24	24	4	100	102	11

从表5.11可见，起重机械事故伤害特征占比最高的是吊重或起重机运行部分对现场人员的碰撞，事故数量占比31.0%，伤亡人数占比27.4%。排在第二位的是起重机吊重摆动或起重机运行时因空间不足对现场人员的挤压，事故数量占比29.0%，伤亡人数占比26.5%。第三是起重机上某部件坠落造成的物体打击，事故数量占比25.0%，伤亡人数占比23.9%。排在第四位的是由于起重机的原因造成作业人员从高空坠落。起重机倒塌影响面大、财产损失大，按《特种设备安全监察条例》的规定，起重机械整体倾覆的，定义为较大事故。烫伤造成的起重机械事故数量不多，大多发生在冶金企业采用起重机吊运熔融金属时，易造成现场人员被烫伤或死亡，事故影响大、后果严重。

5. 1. 10　按事故发生行业统计

2017—2019 年起重机械事故按事故发生行业分布情况见表 5. 12。

表 5. 12　2017—2019 年起重机械事故按事故发生行业分布情况

事故发生行业	事故数量/起	死亡人数/人	受伤人数/人
机械	42	40	3
港口	16	16	0
冶金	11	10	3
建材	7	7	0
服务业	6	6	1
施工工地	4	10	1
物流	4	4	0
电力	3	3	0
轻工	3	2	1
造船	2	2	1
化工	1	1	1
食品	1	1	0
合计	100	102	11

从表 5. 12 可见，起重机械事故在机械行业发生最多，这与起重机械在这个行业使用量大是相一致的。港口也是起重机的使用大户，大多采用专业化的起重机进行装卸作业，追求效率，起重机作业速度快，容易发生事故。在冶金行业，起重机是关键设备，工作级别高、使用频繁，尤其很多起重机被用来吊运熔融金属这类危险物品，一旦发生事故，造成的后果要比其他行业大得多。在建材行业，起重机大多用来吊运用于建筑工地或施工工地的材料，也是起重机事故的高发行业。施工工地环境条件差，作

业人员密集，由门式起重机事故造成的后果十分严重，每起事故的伤亡人数是最高的。

5.1.11　按使用年限统计

2017—2019 年起重机械事故按起重机械使用年限分布情况见表 5.13。

表 5.13　2017—2019 年起重机械事故按起重机械使用年限分布情况

起重机械使用年限	事故数量/起	死亡人数/人	受伤人数/人
年限≤1 年	9	10	0
1 年<年限≤5 年	13	12	3
5 年<年限≤10 年	28	33	4
10 年<年限≤30 年	15	15	0
年限>30 年	2	1	1
合计	67	71	8

从表 5.13 分析，大部分事故是人为原因造成的，所以与起重机械的实际使用年限关联度并不大。但已使用 5 年以上的起重机，因设备原因造成的起重机械事故比例明显增加。使用时间最长的两台通用门式起重机已使用 38 年。

5.1.12　其他分类情况

在起重机械事故报告中列明了事故调查牵头单位的事故有 81 起，事故发生后由质监系统牵头进行事故调查的有 69 起，占 85.2%；由安监系统牵头进行事故调查的有 11 起，占 13.6%；由当地市政府牵头的有 1 起。由安监系统和市政府牵头调查的均是一般事故。

在起重机械事故报告中列明了事故调查报告批复单位的事故有77起，其中76起事故的事故调查报告由各级人民政府批复，1起由市质监局批复。

在2017—2019年起重机械事故的责任认定及对事故有关责任人员的处理意见中有4起事故与监管机构的人员有关，主要是监管不到位的次要责任。

在起重机械事故报告中列明了事故起重机定检时间的事故有61起，大部分在检验有效期内，其中只有3起事故的起重机未按时定检，比例不高。

5.2　事故原因分析

根据起重机械事故统计数据，以下将从设备的不安全状态、人的不安全行为、环境对安全的影响这三个方面，对2017—2019年发生的100起起重机械事故的原因进行统计、归纳和分析。

5.2.1　设备原因

按事故的责任划分，由设备原因造成的起重机械事故共有8起，主要是吊钩、钢结构、钢丝绳、制动器、滑轮等存在缺陷引起的，如图5.3所示。

吊钩缺陷主要表现在吊钩螺母脱落、吊钩的防松脱装置缺失等。

钢结构缺陷主要表现在主要受力构件折断、走台板焊接不牢等。

钢丝绳缺陷主要表现在钢丝绳破断。

制动器缺陷主要表现在制动失灵使起重机失控。

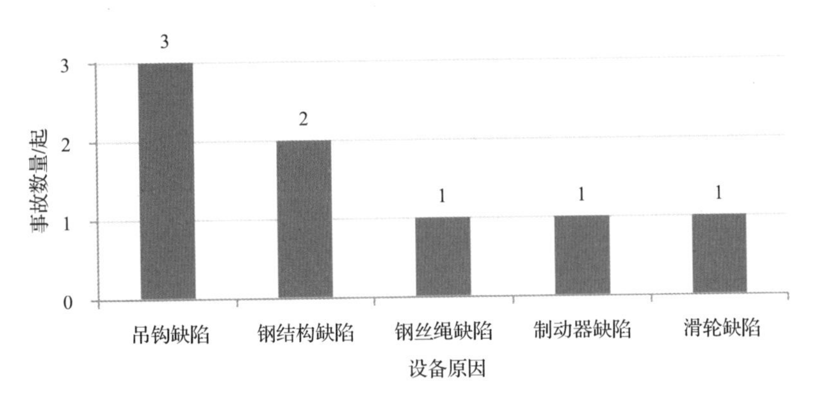

图 5.3　2017—2019 年设备原因造成的起重机械事故分布

滑轮缺陷主要表现在滑轮轮缘破损。

由于事故定性的原因，一些原本应属于设备原因造成的事故最终被定性为人为原因造成的事故，可能会掩盖一些现实情况。例如，司机操作时疏于观察使吊钩不断上升，由于起升机构上升限位器（安全保护装置）失效，吊钩组上升到极限位置冲顶拉断钢丝绳致吊钩组坠落造成伤亡事故。这类事故在 100 起事故中占了 10 起，致 9 人死亡、2 人受伤，在事故定性时基本都归于司机违章操作。但如果安全保护装置有效的话，这类事故是不会发生的。

如果不仅仅按事故定性结果，涉及设备缺陷的事故共有 25 起，如图 5.4 所示。

在这 25 起设备缺陷事故中，安全保护装置缺陷占 40.0%，机械部件缺陷占 40.0%，电控缺陷占 12.0%，钢结构缺陷占 8.0%。

高度限位器失效造成人员伤亡的事故已占起重机械事故总数的 10.0%，如此频繁地出现伤亡事故需要引起高度关注。

在这些由设备原因造成的起重机械事故中，除了一起是制造单位未按设计图纸要求进行起重机走台板焊接固定而造成事故

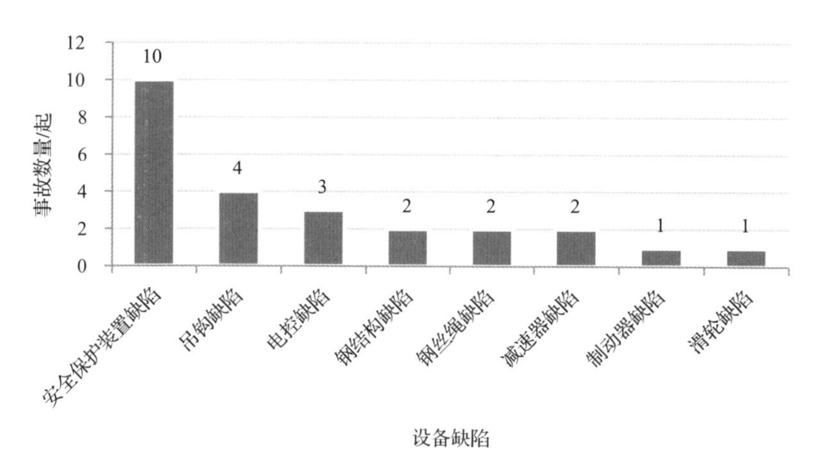

图 5.4　2017—2019 年涉及设备缺陷的起重机械事故分布

外，其余 96.0%的事故均是由于起重机使用过程中部件的性能退化或出现缺陷，缺少维护保养和未及时发现隐患。

5.2.2　人为原因

按事故的责任划分，由于人为原因造成起重机械事故的共有 92 起，占全部事故的 92.0%，主要是由司机、维修人员、现场人员、拆卸人员、指挥、司索工等的不安全行为造成的，如图 5.5 所示。

在人为原因造成的 92 起起重机械事故中，持证人员违规作业占比 90.2%，无证人员操作占比 6.5%，非作业人员的行为占比 3.3%。

（1）司机的不安全行为。司机的不安全行为主要表现为违章操作、无证操作、安全管理不善、操作不当、使用缺陷设备等，具体分布情况见表 5.14。

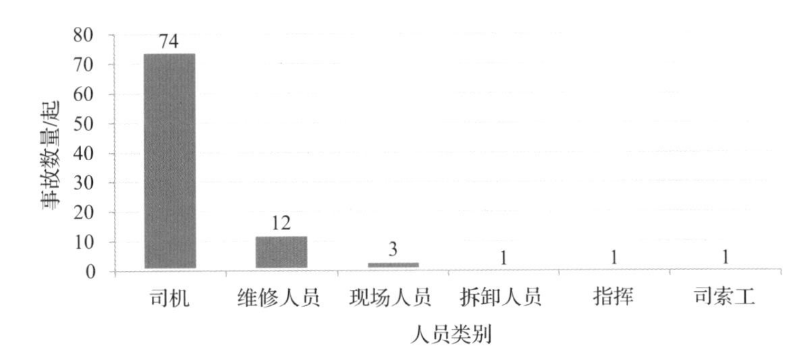

图 5.5　2017—2019 年人为原因造成的起重机械事故分布

表 5.14　起重机械司机不安全行为造成的事故情况

不安全行为	事故数量/起	死亡人数/人	受伤人数/人
违章操作	52	51	6
操作不当	10	10	0
安全管理不善	9	7	3
无证操作	2	2	1
使用缺陷设备	1	1	0
合计	74	71	10

（2）维修人员的不安全行为。维修人员的不安全行为主要表现为违章操作、无证操作、安全管理不善等，具体分布情况见表 5.15。

表 5.15　起重机械维修人员不安全行为造成的事故情况

不安全行为	事故数量/起	死亡人数/人	受伤人数/人
违章操作	8	8	0
无证操作	3	3	0
安全管理不善	1	1	0
合计	12	12	0

(3) 其他人员的不安全行为。其他人员的不安全行为主要表现为现场人员违规进入起重机械作业现场，拆卸人员和司索工违章操作、指挥无证操作等，共涉及6起事故，造成11人死亡、1人受伤。

5.2.3 环境原因

起重机械品种多、使用面广，有时会在一些特殊环境中运行，如高温、高湿、凝雾、霉菌、低温、粉尘、防爆、腐蚀、振动、食品、辐射、强磁、电磁、洁净、绝缘、露天、强风、高海拔、熔融金属等环境。针对不同的环境，需要对起重机械在安全与性能上采取一些特殊的措施，以满足起重机的安全运行要求。

从2017—2019年起重机械发生的100起事故分析，与环境原因相关的事故并不多，主要有存在操作盲区、移动起重机与固定物的安全距离过小、吊运熔融金属、夜间作业等，如图5.6所示。

一些起重机的操作场合存在操作盲区，如港口起重机装卸作业时司机有时看不见船舱底部，起重机抓斗可能会与在船底进行清仓作业的人员发生碰撞而造成事故。2017—2019年这类事故就发生了9起。

起重机是移动设备，按法规和技术标准要求，起重机在运行过程中必须与场地内的固定物保持足够的安全距离，以防止作业人员被挤压。因安全距离过小造成的事故主要有堆放物或平台与起重机安全距离不足、相邻建筑物与起重机安全距离不足等造成的事故。

吊运熔融金属是危险作业，环境温度高、工作级别高，按法规和技术标准要求，对这类起重机是有特殊要求的，必须具备一

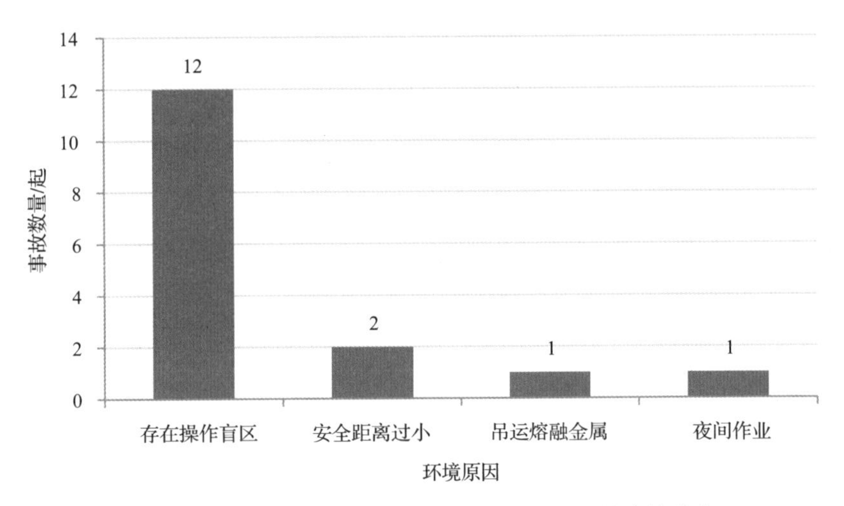

图 5.6　2017—2019 年环境原因造成的起重机械事故分布

定的冗余，以确保安全。部件失效或误操作导致钢水包倾翻会造成严重的后果。

虽然在事故报告中只有一起事故提到了夜间作业间接造成了事故的发生，但不少在生产流水线或港口码头使用的起重机是需要夜间作业的。夜间能见度差、视野小，作业人员易疲劳犯困，容易发生事故。对 2017—2019 年这 100 起起重机械事故的发生时间进行统计，上午、下午及夜间发生的起重机械事故情况见表 5.16。

表 5.16　2017—2019 年上午、下午及夜间发生的起重机械事故情况

时间	事故数量/起	死亡人数/人	受伤人数/人
上午（06：01—12：00）	35	39	3
下午（12：01—18：00）	47	47	3
夜间（18：01—06：00）	18	16	6
合计	100	102	12

虽然在夜间使用的起重机不多，但发生的事故却不少，表明夜间是起重机事故的高发时段。以司机为例，在夜间 18 起事故中，由司机违章操作或操作不当引起的事故就有 13 起，占 72.2%。而在白天 82 起事故中，由司机违章操作或操作不当引起的事故有 49 起，占 59.8%，明显低于夜间。因此，夜间的安全作业更应引起重视。

5.3　风险警示与防控

5.3.1　注重起重机本质安全，改善安全保护和监测装置

司机操作时疏于观察使吊钩不断上升，而起升机构上升限位器（安全保护装置）失效，吊钩组上升到极限位置冲顶拉断钢丝绳致吊钩组坠落造成的事故有 10 起，占事故总数的 10.0%。目前国内大量生产和使用的起重机起升机构大多采用两种结构的上升限位器，一种是断火限位器，另一种则是重锤式高度限位器。这两种上升限位器在长期使用后由于导杆或杠杆的变形、钢丝绳在卷筒上乱绳等多种原因会失效。虽然我国曾把上升限位装置作为安全部件纳入强制型式试验范畴，但断火限位器和重锤式高度限位器都是与产品连在一起才起作用的，无法单独取下来在实验室对其进行型式试验。如果只测试行程开关又没有起到验证整体安全可靠性的作用，实际对这类上升限位器的型式试验处于失控状态。目前国外已不采用这两种方案，大多采用一种齿轮传动式的高度限位器，不但安全可靠、定位精准，而且可以在多个任意位置进行多重限位设定，最大限度防止冲顶事故发生。

从起重机械事故的伤害特征分析，占比最高的是吊重或起重

机运行部分对现场人员的碰撞，其中起重机启（制）动惯性作用造成吊载摇摆发生碰撞的事故占比 90.0%。目前起重机已有防摇摆技术，如果有条件安装起重机吊载防摇系统，不但能够提高搬运效率，也能提高起重机的安全性。

港口、码头装卸作业中，因司机的作业盲区造成的事故平均占比近 70.0%，已成为港口装卸的主要事故源。解决司机的视线盲区问题，可以在起重机臂架的端头增加辅助摄像装置，或者增加作业指挥人员，这些最好要在港口装卸的安全作业规程中做出强制要求。

5.3.2 加强培训考核，大幅减少司机引发的事故

在起重机械事故直接原因中，占比最高的是司机，共造成 74 起事故，占事故总数的 74.0%，死亡人数占比 69.6%，受伤人数占比 90.9%。司机的不安全行为如违反“十不吊”典型违章操作行为。

《特种设备作业人员考核规则》（TSG Z6001—2019）将起重机地面操作人员、遥控操作人员和司索工都排除在了强制取证范围之外。根据事故统计结果，在 74 起由司机引起的事故中，有 19 起事故是地面操作司机违章作业引起的，占 25.7%。建议在法规中明确这类司机也需要接受培训和考核，只是此项工作可以由用户单位参照《特种设备作业人员考核规则》（TSG Z6001—2019）的要求自己组织或委托专业培训机构来完成。

5.3.3 逐步调整监管重点，以适应当前起重机制造业从以生产钢结构为主的生产模式向以智能制造为主的生产模式转变的发展趋势

目前我国对起重机的监管重点放在了起重机金属结构上。例如，制造许可条件中最主要的工作场所、生产设备与工艺装备、检测仪器等，以及对主要受力结构件不准分包的严格管理措施等都是针对钢结构的。这也和我国起重机制造单位大多以生产钢结构为主的生产模式相一致。从对事故的分析结果看，设备缺陷造成的起重机械事故中，由金属结构件引起的只占 8.0%，而由传动部件、安全保护装置、电控装置缺陷引起的事故占 92.0%。因此，为了有效减少事故发生，需要将监管的重点由起重机金属结构逐渐向传动和控制转移。

随着我国大力推进智能制造，越来越多的起重机应用于全自动生产流水线、无人车间和智能码头，但涉及智能起重机安全的法规和标准目前严重缺失。例如，本质安全要求、首检和定检的技术内容应进行研究和补充。

5.3.4 从危险源入手完善标准规范

我国目前有起重机国家标准和行业标准 389 项，是世界各国中最多的，但大多为面面俱到、细分成各类具体品种的产品标准，专门涉及起重机安全的标准寥寥无几。建议学习欧盟标准的模式，根据已发生的大量起重机事故，统计编排出我国产品在设计、制造、工艺、检验、安装、调试、使用、维护、修理、改造、拆卸等过程中可能会发生的起重机事故的危险源，再据此提出适合我国国情的安全要求、防护措施及检验规则。

在经验积累的基础上制定出所有起重机的报废标准，从根本上解决老旧起重机的报废和退出机制。由于缺乏起重机的报废标准，定检规则中没有对起重机性能衰退过程的验证和记录，也没有对起重机的判废条款，检验机构只能按期发放使用许可证。目前吊运熔融金属起重机的报废标准已经出台，建议尽快积累数据，对起重机整个使用周期的劣化情况及剩余寿命做出判断。

第六章

大型游乐设施和客运索道事故原因分析及风险警示

6.1 事故概述

2017—2019 年各地通过全国特种设备事故管理系统共报送大型游乐设施事故及相关事故 14 起（事故 10 起、相关事故 4 起），客运索道相关事故 1 起，15 起事故均为一般事故，共造成 8 人死亡、6 人受伤。虽然事故数量、死亡人数与其他种类的特种设备相比较少，但是事故造成的社会影响非常大。本章所有分析结果均以此为基数进行计算得出。

6.1.1 按年度统计

2017—2019 年大型游乐设施和客运索道事故按年度分布情况见表 6.1。

表 6.1　2017—2019 年大型游乐设施和客运索道事故按年度分布情况

年度	事故数量/起	死亡人数/人	受伤人数/人
2017 年	4	2	3
2018 年	5	3	2
2019 年	6	3	1
合计	15	8	6

6.1.2　按设备类别统计

14 起事故中，共涉及 7 种大型游乐设施和 1 种客运索道（客运架空索道），其中观览车类和架空游览车类数量最多，占比 42.9%，如图 6.1 所示。

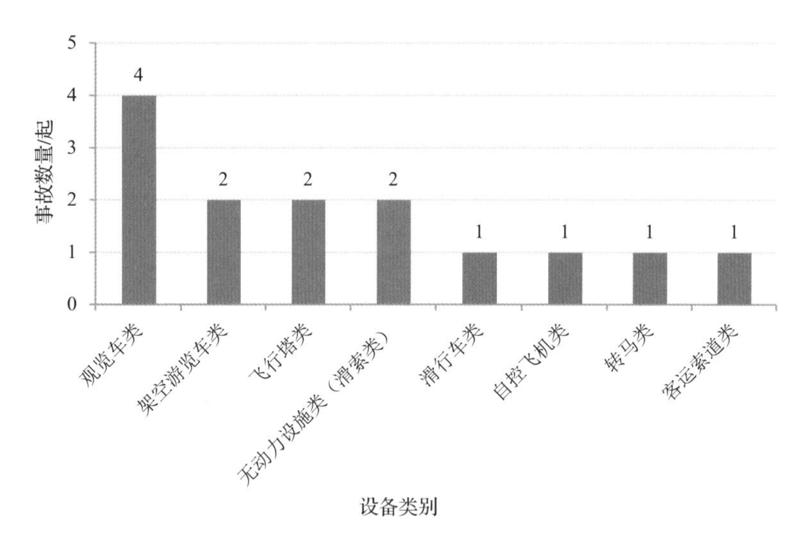

图 6.1　2017—2019 年大型游乐设施和客运索道事故按设备类别分布情况

6.1.3　按事故现象统计

15 起事故中，事故现象表现为坠落的最多，共 9 起，占比 60.0%；其次是受困（滞留），共 4 起，占比 26.7%；碰撞和挤压各 1 起，各占 6.7%（如图 6.2 所示）。

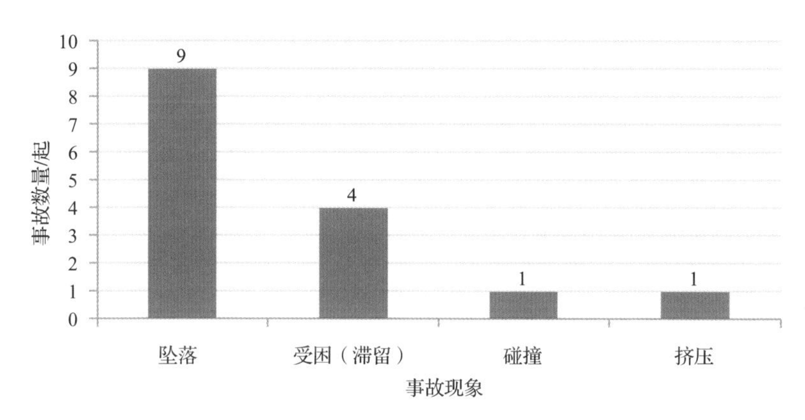

图 6.2　2017—2019 年大型游乐设施和客运索道事故按事故现象分布情况

6.1.4　按事故发生环节统计

15 起事故均发生在使用环节。

6.1.5　按事故发生地区统计

2017—2019 年大型游乐设施和客运索道事故按事故发生地区分布情况见表 6.2。

表 6.2　2017—2019 年大型游乐设施和客运索道事故按事故发生地区分布情况

省份	事故数量/起	省份	事故数量/起
广东	3	北京	2
云南	2	安徽	1
福建	1	贵州	1
河南	1	湖南	1
江苏	1	山西	1
重庆	1		

6.2　事故原因分析

6.2.1　设备原因

15 起事故中，有 8 起事故与设备原因有关（占比 53.3%），涉及安全束缚装置失效（4 起，占比 26.7%）、电气传动控制部件失效（3 起，占比 20.0%）、钢结构件失效（1 起，占比 6.7%），如图 6.3 所示。

（1）安全束缚装置失效。安全束缚装置失效包括安全压杠未压到位、安全带断裂、安全带未系或卡扣脱开、吊篮固定挂钩未挂 4 种情形。典型案例如 2017 年 2 月 3 日重庆市丰都县“遨游太空”观览车乘客坠落事故、2018 年 4 月 21 日河南省许昌市“飞鹰”观览车乘客坠落事故、2018 年 5 月 30 日安徽省合肥市“滑索”无动力游乐设施乘客坠落事故等。

（2）电气传动控制部件失效。电气传动控制部件失效包括信号控制部件质量缺陷、电气控制部件线路短路、断绳保护装置误

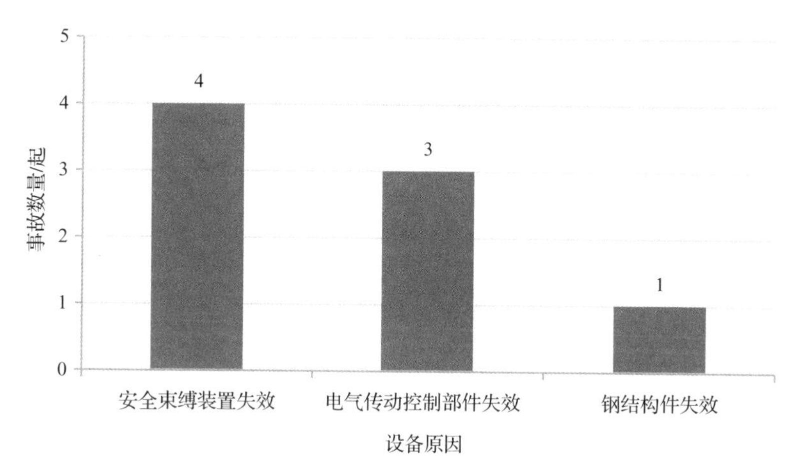

图 6.3　2017—2019 年与设备原因有关的大型游乐设施和客运索道事故分布情况

动作 3 种情况。典型案例如 2018 年 11 月 1 日广东省深圳市“欢乐干线”架空游览车追尾事故、2019 年 10 月 4 日广东省广州市“飞越广东”观览车受困（滞留）事故、2018 年 6 月 18 日江苏省苏州市“高空飞翔”飞行塔受困（滞留）事故。

（3）钢结构件失效。钢结构件失效主要是钢结构材料选材以低代高强度不足断裂。典型案例如 2017 年 5 月 9 日山西省太原市“惊呼狂叫”观览车桁架断裂事故。

6.2.2　人为原因

15 起事故中，14 起事故均涉及人为原因，包括安全检查不到位（6 起，占比 40.0%）、未禁止不适宜人员乘坐（2 起，占比 13.3%）、应急处置不力（2 起，占比 13.3%）、未告知乘客安全事项（1 起，占比 6.7%）、操作视野存在盲区（1 起，占比 6.7%）、设备变更未履行规定审批程序（1 起，占比 6.7%）、维护保养不当（1起，占比6.7%），如图6.4所示。

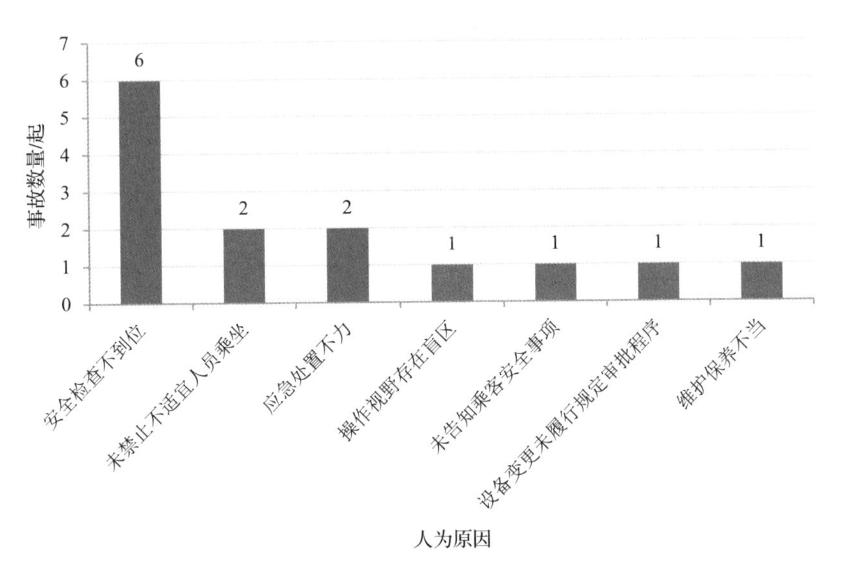

图6.4　2017—2019年与人为原因有关的大型游乐设施和客运索道事故分布情况

（1）安全检查不到位。安全检查不到位包括未发现安全束缚装置失效（具体情形见“设备原因”部分）、乘客未脱离即误操作启动、启动前未进行安全门锁紧及运行区域安全确认3种情形。典型案例如2017年2月3日重庆市丰都县“遨游太空”观览车乘客坠落事故、2018年4月21日河南省许昌市“飞鹰”观览车乘客坠落事故、2018年7月20日福建省龙岩市“滑索”无动力游乐设施乘客坠落事故、2019年3月17日云南省昆明市“旋转木马”转马类工作人员坠落事故等。

（2）未禁止不适宜人员乘坐。未禁止不适宜人员乘坐主要是对不符合乘坐规定身高、体重、年龄要求的乘客未履行禁止责任。典型案例如2019年8月3日贵州省毕节地区“立环跑车”

架空观览车乘客机械伤害事故。

（3）应急处置不力。应急处置不力主要是突发故障处置不当造成次生事故，或者应急救援能力不足。典型案例如2018年11月1日广东省深圳市“欢乐干线”架空游览车追尾事故、2019年10月4日广东省广州市“飞越广东”观览车受困（滞留）事故。

（4）未告知乘客安全事项。未告知乘客安全事项主要是刹车使用问题等。典型案例如2019年11月9日云南省昆明市“滑车”滑行车乘客坠落事故。

（5）操作视野存在盲区。典型案例如2019年3月17日云南省昆明市“旋转木马”转马类工作人员坠落事故。

（6）设备变更未履行规定审批程序。典型案例如2017年5月9日山西省太原市“惊呼狂叫”观览车桁架断裂事故。

（7）维护保养不当。维护保养不当主要是未对断绳保护装置滑轮上的油泥及时进行清理，导致油泥触动断绳保护行程开关而误动作。典型案例如2018年6月18日江苏省苏州市“高空飞翔”飞行塔受困（滞留）事故。

6.2.3　环境原因

在15起事故中，并无环境原因导致的事故，主要是天气预报以及恶劣天气预警体系不断完备，乘客和经营使用单位对恶劣天气的风险意识都比较强，客流较少。

6.3　风险警示与防控

设备风险主要是安全束缚装置和电气传动控制失效，占事故总数的46.7%，占设备原因的87.5%；人为风险主要是安全检查不到位和未禁止不适宜人员乘坐、应急处置不力，占事故总数的66.7%，占人为原因的71.4%。

6.3.1 安全束缚装置失效风险防控

关于安全束缚装置风险防控建议措施，《市场监管总局办公厅关于开展大型游乐设施乘客束缚装置安全隐患专项排查治理的通知》（市监特〔2018〕42号）已有明确要求。例如，上述文件附件《大型游乐设施主要乘客束缚装置功能要求》主要从本质安全角度，针对安全束缚装置失效的风险，明确符合相关条件的大型游乐设施应增加乘客束缚装置闭合并锁紧与设备启动自动联锁或人工联锁功能，优先选用自动联锁；增加乘客束缚装置防止乘客自行打开功能要求，只允许操作人员手动或自动释放束缚装置，以便为游客提供多重保障。检验机构检验时应加强对乘客束缚装置锁紧力及自动联锁或人工联锁、防止乘客自行打开等功能有效性的确认。

同时，该文件针对安全检查不到位的风险、乘客未脱离即误操作启动的风险，以及吊篮固定挂钩未挂的风险、未禁止不适宜人员乘坐、未告知乘客安全事项的风险等均提出了相应要求。

《市场监管总局办公厅关于做好复工复产特种设备安全监管和服务保障工作的通知》（市监特设〔2020〕20号）要求重点排查机电类特种设备的安全保护装置，特别是大型游乐设施的安全压杆、安全带等乘客束缚装置，对客运索道还要排查吊具护栏、脱索保护功能等是否可靠。

6.3.2 电气传动控制部件失效风险防控

（1）明确大型游乐设施维护保养资质和准入门槛；试行维护

保养单位等级评价，由第三方对维护保养单位予以等级评级；推广制造单位实施设备维护保养。

（2）建立大型游乐设施从业人员信用记录，作为行业准入的前置条件。

（3）大型游乐设施的经营使用单位应根据本单位的实际情况，自行或委托专业机构进行设备风险辨识。

（4）建议在法规规范安全基本要求中增加关键部件型式试验可靠性等级要求、强制报废要求和适用条款。

第七章

场（厂）内专用机动车辆事故原因分析及风险警示

按《特种设备目录》的定义，场（厂）内专用机动车辆是指除道路交通、农用车辆以外仅在工厂厂区、旅游景区、游乐场所等特定区域使用的专用机动车辆。场（厂）内专用机动车辆一般按其主要用途进行分类。根据《特种设备目录》，场（厂）内专用机动车辆分类见表7.1。

表7.1　场（厂）内专用机动车辆分类

类别	品种
场（厂）内专用机动车辆	叉车
非公路用旅游观光车辆	—

本次事故统计分析的均是符合上述定义和分类的场（厂）内专用机动车辆。

7.1 事故概述

2017—2019年各地通过全国特种设备事故管理系统上报场

（厂）内专用机动车辆事故及相关事故 156 起（事故 139 起、相关事故 17 起），本章内容以其中具有相对完整结案材料的 140 起（事故 136 起、相关事故 4 起）为研究对象，所有分析结果均以此为基数计算得出。

140 起事故中，场（厂）内专用机动车辆事故 137 起，非公路用旅游观光车辆事故 3 起，共造成 128 人死亡、28 人受伤，直接经济损失约 3 570. 86 万元。2017—2019 年场（厂）内专用机动车辆事故数量及伤亡人数如图 7. 1 所示。

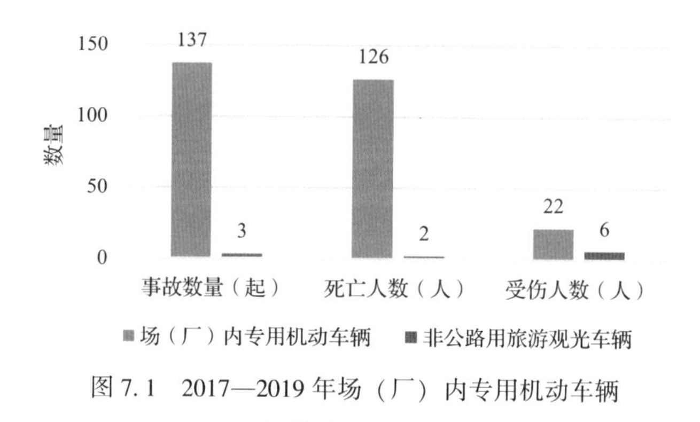

图 7. 1　2017—2019 年场（厂）内专用机动车辆事故数量及伤亡人数

7. 1. 1　按年度统计

2017—2019 年场（厂）内专用机动车辆事故按年度分布情况如图 7. 2 所示。从图中可以看出，这三年场（厂）内专用机动车辆事故数量和死亡人数在一个较高位置波动。其中 2018 年相对于 2017 年事故数量上升了 8. 9%，死亡人数上升了 9. 8%；2019 年事故数量和死亡人数是三年中最少的，相对于 2018 年事故数量下降了 12. 2%，死亡人数下降了 11. 1%，但是受伤人数有很大的增加，与2018年相比增加了120.0%。总体来说，场（厂）内专用机动车辆的安全形势不容乐观。

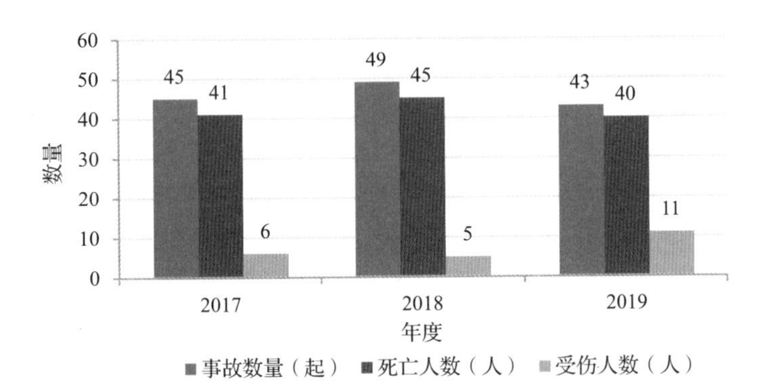

图7.2　2017—2019年场（厂）内专用机动车辆事故按年度分布情况

7.1.2　按事故发生地区统计

2017—2019年场（厂）内专用机动车辆事故按事故发生地区分布情况见表7.2。

表7.2　2017—2019年场（厂）内专用机动车辆事故按事故发生地区分布情况

省份	2017年			2018年			2019年			合计		
	事故数量/起	死亡人数/人	受伤人数/人	事故数量/起	死亡人数/人	受伤人数/人	事故数量/起	死亡人数/人	受伤人数/人	事故数量/起	死亡人数/人	受伤人数/人
江苏	12	12	0	14	14	0	10	9	1	36	35	1
广东	7	5	2	8	5	3	5	5	0	20	15	5
上海	6	5	1	9	8	2	2	1	1	17	14	4
浙江	5	5	0	7	7	0	5	5	7	17	17	7
安徽	4	4	0	0	0	0	3	3	0	7	7	0

续表

省份	2017年			2018年			2019年			合计		
	事故数量/起	死亡人数/人	受伤人数/人	事故数量/起	死亡人数/人	受伤人数/人	事故数量/起	死亡人数/人	受伤人数/人	事故数量/起	死亡人数/人	受伤人数/人
黑龙江	1	1	0	3	3	0	3	3	0	7	7	0
天津	2	2	0	1	1	0	3	2	2	6	5	2
广西	1	1	0	1	1	0	4	4	0	6	6	0
辽宁	1	1	0	3	3	0	0	0	0	4	4	0
湖北	1	1	1	1	0	2	2	2	0	4	3	3
山东	2	2	1	0	0	0	1	1	0	3	3	1
内蒙古	1	1	0	1	1	0	0	0	0	2	2	0
江西	1	1	0	1	1	0	0	0	0	2	2	0
宁夏	0	0	0	0	0	0	2	2	0	2	2	0
吉林	0	0	0	0	0	0	2	2	0	2	2	0
福建	0	0	0	1	1	0	1	1	0	2	2	1
重庆	1	1	4	0	0	0	0	0	0	1	1	4
云南	1	0	1	0	0	0	0	0	0	1	0	1
贵州	0	0	0	1	1	0	0	0	0	1	1	0
合计	46	42	10	51	46	7	43	40	11	140	128	28

从表7.2可见，2017—2019年全国有19个省份发生了场（厂）内专用机动车辆事故，发生范围很广。其中发生事故较多的有江苏、广东、上海和浙江，均为全国制造业及经济比较发达的地区，这些地区场（厂）内专用机动车辆使用量大，因此发生事故的比例相对较高。

2017—2019年场（厂）内专用机动车辆事故按事故发生区域分布情况如图7.3所示。由图7.3可见，华东地区和中南地区场（厂）内专用机动车辆事故较多，这与两个区域的场（厂）内专用机动车辆的用量和制造业、物流业发展规模密切相关。

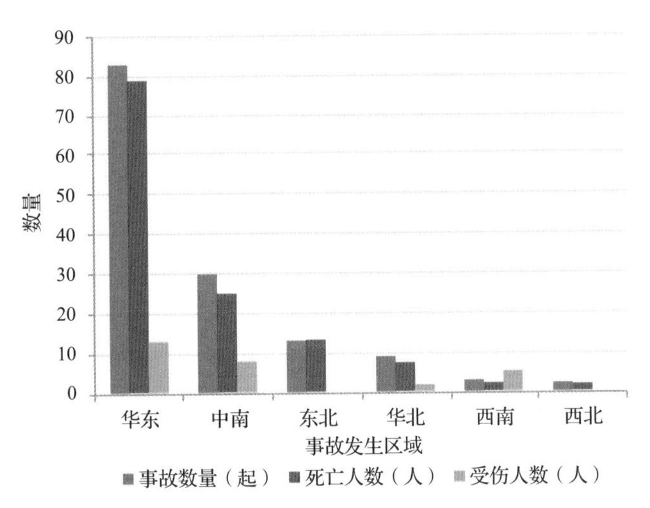

图 7.3　2017—2019 年场（厂）内专用机动车辆事故按事故发生区域分布情况

7.1.3　按事故等级统计

按事故等级划分，2017—2019 年场（厂）内专用机动车辆发生的事故都是一般事故。

7.1.4　按涉事车辆类别统计

所发生的 140 起事故中，涉及 CPC/CPCD/FD 和其他型号的内燃式叉车类的有 80 起，涉及电动式叉车类的有 14 起，涉及非公路用旅游观光车类的有 3 起。具体情况如图 7.4 所示。

7.1.5　按额定起重量统计

2017—2019 年叉车事故按额定起重量（G）分布情况见表 7.3。

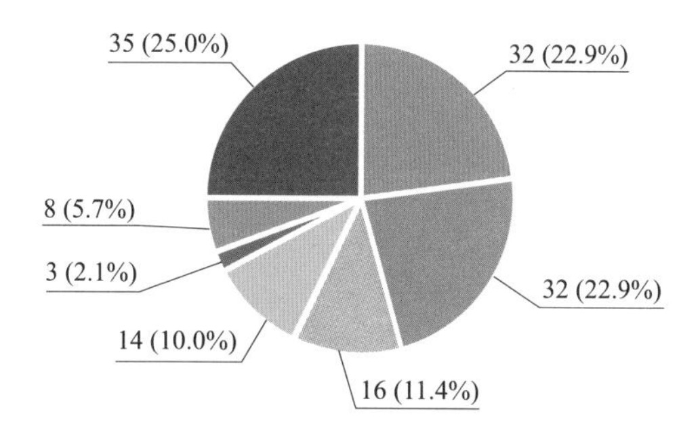

图 7.4 2017—2019 年场（厂）内专用机动车辆事故按涉事车辆类别分布情况

表 7.3 2017—2019 年叉车事故按额定起重量分布情况

额定起重量/t	事故数量/起	死亡人数/人	受伤人数/人
1	1	1	0
1.4	1	1	0
1.5	5	4	1
1.6	1	0	1
2	8	7	1
2.5	6	6	0
3	38	36	3
3.5	23	21	3
3.8	2	2	0
4.5	1	1	0
5	6	6	0
6	2	2	0
7	2	2	0
8.5	1	1	0
10	5	4	1
16	1	1	0
25	2	2	0
总计	105	97	10

表7.3是依据2017—2019年场（厂）内专用机动车辆140起事故数据中标明了额定起重量的105起叉车事故进行统计分析的。由表7.3可见，叉车事故主要集中在额定起重量为3 t和3.5 t的叉车，这两种额定起重量的叉车使用数量最多，无证操作人员多、违章作业多，所以发生事故的数量也多。使用数量排在第二梯队的为额定起重量为1.5 t、2 t、2.5 t、5 t、10 t的叉车，其事故数量三年内为5~10起，事故数量明显低于额定起重量为3 t和3.5 t的叉车。

7.1.6 按事故发生环节统计

从事故发生环节来看，140起事故中，只有1起事故发生在检修环节，其他139起事故都发生在使用环节。

从行驶和堆垛拆垛作业的角度分析，在行驶过程中发生的事故共有83起，达到事故总数的59.3%。其中带载行驶事故50起，占比35.7%；空载行驶事故33起，占比23.6%。在堆垛拆垛作业过程中发生的事故共44起，达到事故总数的31.4%。其中拆垛作业事故36起，占比25.7%；堆垛作业事故8起，占比5.7%（如图7.5所示）。

7.1.7 按事故特征统计

场（厂）内专用机动车辆事故特征一般可分为车辆碰撞、车辆倾翻挤压、货物碰撞、挤压、人员坠落等种类。其中车辆碰撞54起，占比38.6%；车辆倾翻挤压33起，占比23.6%；货物碰撞25起，占比17.9%；其他种类挤压17起，占比12.1%；人员坠落6起，占比4.3%（如图7.6所示）。从图中可以看出，场（厂）内专用机动车辆事故中碰撞和挤压是最为主要的两种事故

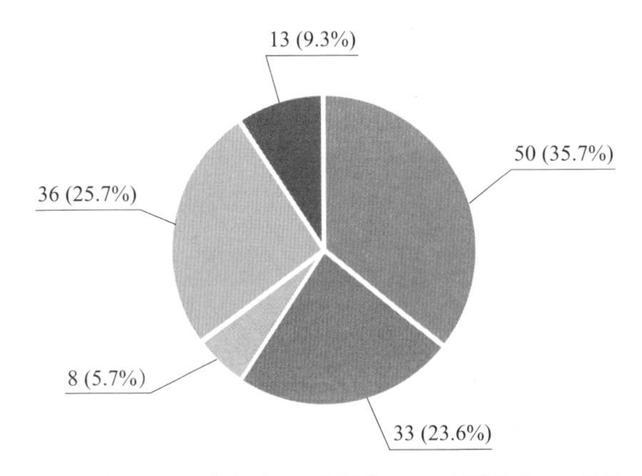

图 7.5　2017—2019 年场（厂）内专用机动车辆事故按事故发生环节分布情况

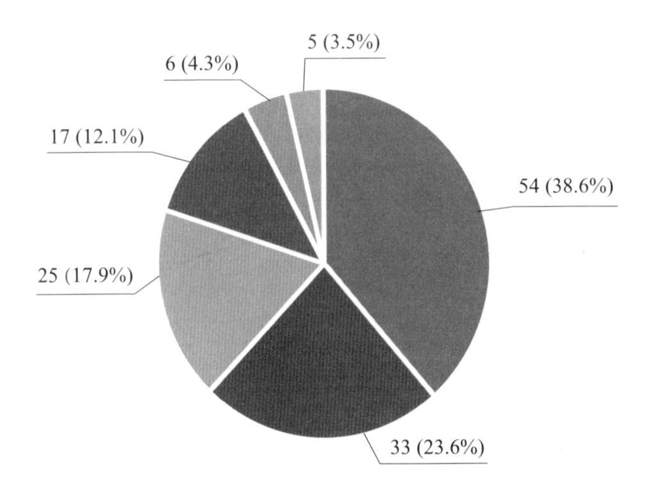

图 7.6　2017—2019 年场（厂）内专用机动车辆事故按事故特征分布情况

特征，碰撞类最多，占比 56.5%，其次是挤压类，占比 35.7%。

7.1.8 按事故发生时间统计

2017—2019 年场（厂）内专用机动车辆事故按事故发生月份分布情况如图 7.7 所示。从事故发生时间来看，3 月和 7 月发生的事故较多。2017—2019 年，3 月发生的 16 起事故中，无证操作导致的事故有 9 起，占比 56.3%，这与企业春节后重新招募了很多新进人员有关。7 月发生的 21 起事故中，同样存在着大量无证操作的情况，事故多发还与天气炎热，作业人员在生理和心理上容易产生昏沉、烦躁情绪有一定的关系。对于 11 月和 12 月，2017 年和 2019 年事故数量都比较低，但是 2018 年 11 月和 12 月事故高发，事故数量分别为 9 起和 8 起，应注意临近年尾生产任务繁重以及作业人员回乡情绪波动方面对事故的影响。

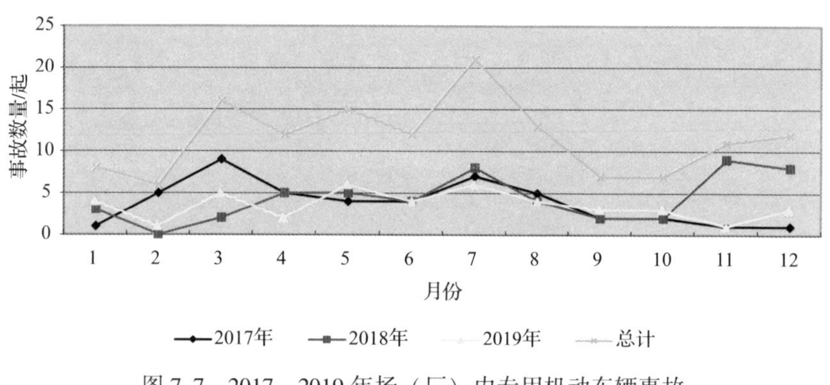

图 7.7　2017—2019 年场（厂）内专用机动车辆事故按事故发生月份分布情况

2017—2019 年场（厂）内专用机动车辆事故按事故发生时段分布情况如图 7.8 所示。8：00—10：00 和 13：00—15：00 都是

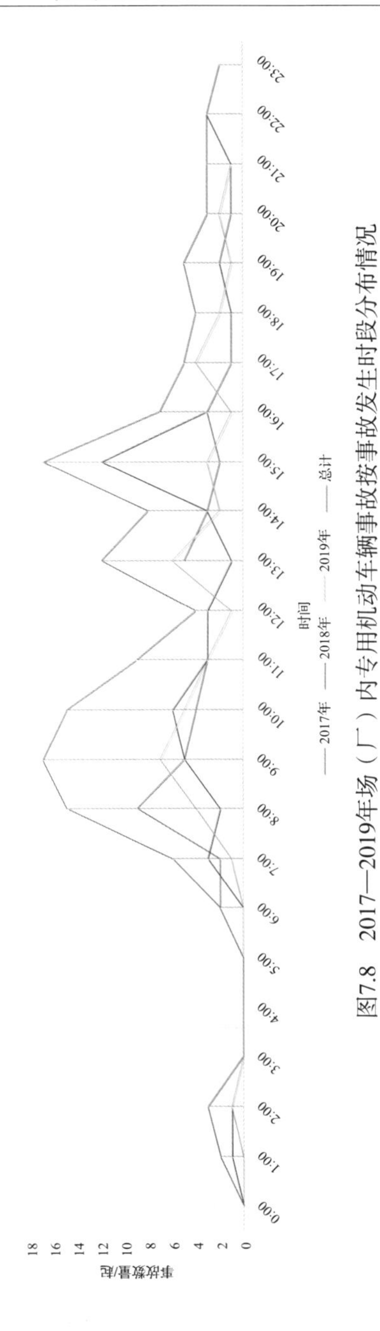

图7.8　2017—2019年场（厂）内专用机动车辆事故按事故发生时段分布情况

事故发生率较高的时段，这些时段涉及上班时间和午餐时间，应对这些时段内叉车行驶路线与人员行走路线交叉的情况予以重视。

7.1.9 按事故发生行业统计

按场（厂）内专用机动车辆事故发生行业统计，去除行业不明的情况，其事故的分布情况见表7.4。

表7.4 2017—2019年场（厂）内专用机动车辆事故按事故发生行业分布情况

事发行业	事故数量/起	死亡人数/人	受伤人数/人
机械	21	16	4
轻工	18	17	0
冶金	16	14	1
服务业	15	1	15
石化	6	5	0
商业	3	2	1
建筑	3	2	0
物流	3	3	1
工业	1	1	0
科技	1	1	0
农产品	1	1	0
合计	88	63	22

从表7.4可以看出，场（厂）内专用机动车辆主要用于成件货物装卸、堆垛和短距离运输，被广泛应用于工厂车间、仓库、流通中心和配送中心等，因此事故大多发生在机械、轻工、冶金和服务业。

7.2　事故原因分析

场（厂）内专用机动车辆事故绝大多数是人为原因造成的，设计、制造、安装方面的因素引起的事故比较少见。2017—2019年场（厂）内专用机动车辆140起事故中只有1起事故发生在检修环节，其他事故均发生在使用过程中。140起事故中，存在设备故障隐患的有8起，123起事故由人为原因造成，另有9起事故由管理原因造成。另外，涉事设备中未办理注册登记的有64辆，未经检验或检验不合格的设备有76辆，分别占总数的45.7%和54.3%。

7.2.1　设备原因

2017—2019年场（厂）内专用机动车辆事故中有明确设备故障隐患的共8起，分别为工作装置失效或错装4起，占比50.0%；制动器失效2起，占比25.0%；电气装置故障1起，占比12.5%；整车配置不全1起，占比12.5%（如图7.9所示）。

（1）工作装置失效或错装。工作装置失效或错装主要是货叉锁止装置功能失效、料斗没有采取防脱落加固措施、油缸耳环连接处断裂、叉车货叉反装等，占比50.0%。

1）货叉锁止装置功能失效。例如，2018年11月19日，江苏扬中经济开发区一喷涂作坊喷涂生产线投资人之一顾某在驾驶叉车进行搬运螺纹钢的过程中，叉车向左侧倾覆，顾某被倾覆的叉车砸中当场死亡。事故原因为顾某擅自非法使用存在严重事故隐患的叉车装载货物，该叉车叉齿无限位销，装载货物一侧落地后使叉齿向一侧滑动形成冲击势能，所形成的侧向推力导致叉车

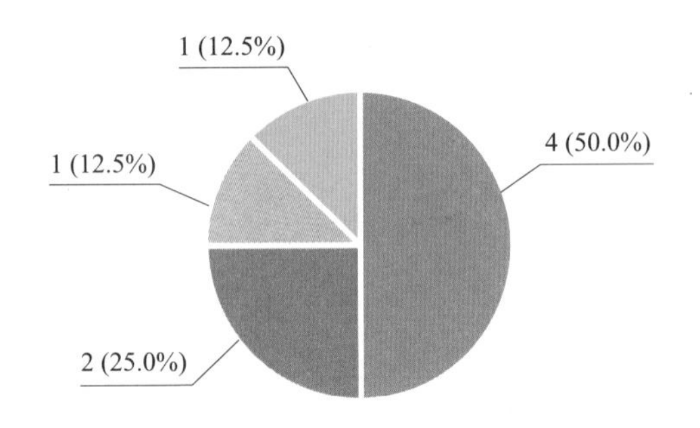

图 7.9　2017—2019 年涉及设备故障隐患的场（厂）内专用机动车辆事故分布情况

倾覆；而叉车无安全带、座椅与引擎盖连接松动、引擎盖与车体锁紧装置失效等缺陷，导致操作人员身体不能被约束于车体范围内，也是导致事故的主要原因。

2）料斗没有采取防脱落加固措施易导致料斗倾斜滚落。

3）油缸耳环连接处断裂。例如，操作人员违章使用叉车致使右侧倾斜油缸耳环连接处断裂，导致位于料斗内的人员失去平衡而与料斗边缘碰撞。

4）叉车货叉反装。例如，2019 年 1 月 28 日，江苏省无锡市某公司一辆叉车在行驶过程中，冲上路边的废渣堆，发生侧翻，驾驶员当场死亡。事故直接原因是叉车司机邱某在驾驶叉车运输石灰石料包进仓库时，在行驶过程中疏于观察，未注意叉车行进路线的路面状况，叉车右前轮开上废渣堆导致叉车失去平衡侧翻。邱某违章作业、疏于观察是本起事故发生的直接原因。而公司原料运输工段违规改装叉车，长期反装货叉进行作业，造成叉车重心发生改变，也是造成事故的重要原因。

（2）制动器失效。制动器失效主要为制动片脱落和制动器失灵，占比 25.0%。

1）制动片脱落。例如，2017 年 7 月 1 日，重庆市某公司一辆旅游观光车行至园区内龙景桥附近第三个下坡弯道时，车辆没有转弯而是直接冲入绿化带，继续前行约 30 m 后，坠入湖中。该起事故造成 1 人死亡，4 人受轻伤，直接经济损失 130 万元。事故原因是观光车右前轮内侧刹车片因固定支架损坏脱落，同时制动系统泄漏，驾驶员驾驶车辆车速较快，车辆制动系统失效造成车辆转弯时超速失控，导致事故发生。这是一起日常维护保养工作缺失造成车辆制动系统失效引发的一般特种设备事故。

2）制动器失灵。例如，2018 年 3 月 23 日，浙江省某公司 1 名员工无证驾驶一辆叉车在厂区道路行驶，因为该叉车制动器失灵，来不及避让行人，将 1 名行人撞倒并碾压，导致其当场死亡。事故原因为驾驶员唐某无叉车作业人员证，在叉车刹车性能失灵的情况下仍然违规驾驶导致碰撞林某致死。

（3）电气装置故障。电气装置故障主要为叉车电源插接器接触不良，占比 12.5%。

例如，2019 年 1 月 15 日，泰安某公司一台蓄电池平衡重式叉车司机驾驶叉车铲送奶产品至检包室进行检测，途中叉车大灯突然熄灭全车断电，司机借助叉车惯性将叉车向后滑行调放于平坦处，拔下电源插接器，又重新插上，用手按压了加速踏板，发现叉车可以正常行驶了，就上车驾驶叉车继续行驶。在设备清洗间拐角处，叉车又断电停车，司机没有采取任何措施，从叉车右侧下车欲检查维修车辆，右脚触碰了叉车驾驶员座椅右下方原本松动接触不良的电源插接器，使得叉车重新恢复电力；同时左脚碰到了叉车加速踏板，叉车朝东南方向行驶了半米左右，碰撞到一位路人，致其死亡。事故原因是叉车电源插接器接触不良，叉车行驶至设备清洗间拐角处时自动停车，叉车司机未按照叉车操作规程采取有效停车措施，造成叉车电源恢复后行驶碰撞路人。

（4）整车配置不全。整车配置不全主要是后视镜缺失，占比12.5%。

例如，2018年5月23日，上海某公司内叉车驾驶员蔡某驾驶叉车转向时将送货司机程某碰伤。事故主要原因为叉车驾驶员蔡某在明知右侧后视镜缺失的情况下，仍继续驾驶叉车作业，在未确认周围环境安全的情况下左转弯，由于叉车后轮转向的驾驶特性，导致叉车右后侧车身将程某挤压在叉车与仓库墙壁之间。

7.2.2 人为原因

从人为原因分析，场（厂）内专用机动车辆事故中人的不安全行为主要有行驶中瞭望不足、操作失误、货物未可靠固定、视线受阻时正向行驶、超速行驶、超载、行驶中门架或货叉未落到低位、叉齿上违规站人、应急处置时未停车熄火等，如图7.10所示。

（1）行驶中瞭望不足。很多时候，场（厂）内专用机动车辆在行驶过程中是人车混道的，容易发生碰撞、挤压行人等事故，特别是在厂区交叉路口或进出车间大门时更容易发生意外。这就要求车辆驾驶员在驾车行驶过程中聚精会神，加强对行车前方环境的观察，防止行人误入。行驶中瞭望不足引发的事故比较多，以2017—2019年场（厂）内专用机动车辆140起事故作为统计样本，此类事故共28起，占20.0%。

行驶中瞭望不足典型案例如下：

1）2018年4月13日，江苏省苏州市某公司发生一起场

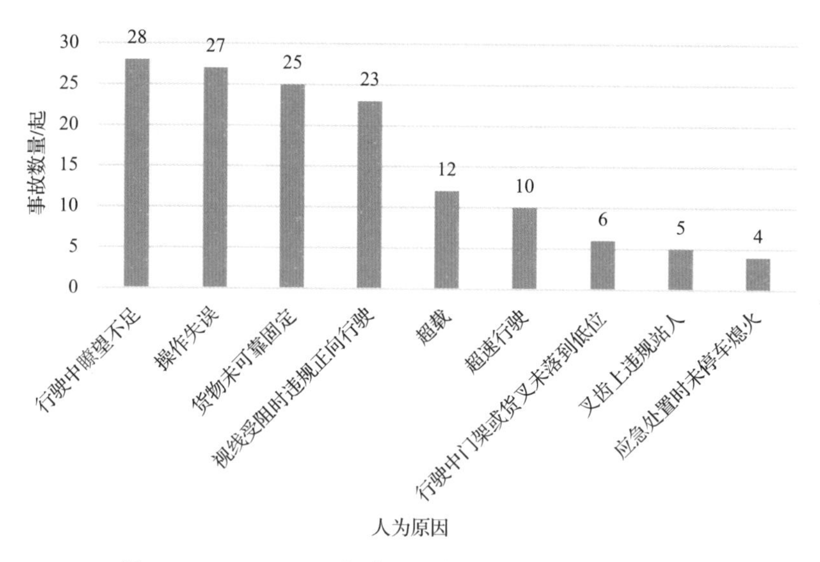

图 7.10　2017—2019 年涉及人为原因的场（厂）内专用机动车辆事故分布情况

（厂）内专用机动车辆一般事故，造成 1 人死亡，直接经济损失 200 万元。叉车驾驶员邹某按照生产计划叉运一包污泥（约 800 kg）至地磅处称重，在叉车行至装置西侧道路时，撞上在路上行走的张某，将张某撞倒并卷入车下，致张某当场死亡。事故直接原因是邹某对叉车吊运污泥包过程中存在的视野盲区认识不足，瞭望不足，未集中注意力观察叉车作业行驶路线人员行走情况，碰撞发生后反应不够灵敏，未能立即停车进行应急处置。

2）2019 年 1 月 28 日，江苏省无锡市某公司一辆叉车在行驶过程中，冲上路边的废渣堆，发生侧翻，驾驶员当场死亡。事故直接原因是叉车司机邱某在驾驶叉车运输石灰石料包进仓库时，在行驶过程中疏于观察，未注意叉车行进路线的路面状况，叉车右前轮开上废渣堆导致叉车失去平衡侧翻。邱某违章作业、疏于观察是本起事故发生的直接原因。

（2）操作失误。场（厂）内专用机动车辆作业环境复杂，作业对象多样，作业过程中遇到的安全影响因素非常多，这就要求驾驶员熟练掌握车辆操作技能，严格执行车辆安全操作规程。设备操作人员技能素质低下、野蛮操作、紧急情况下应变能力差等造成的事故很多，以2017—2019年场（厂）内专用机动车辆140起事故作为统计样本，此类事故共27起，占19.3%。

操作失误典型案例如下：

1）2017年2月17日，广东省深圳市某公司技术研发中心1名驾驶员驾驶叉车准备将泡沫板运送到空旷处堆放，在倒退下坡过程中，操作不当造成左后轮悬空、叉车失去重心向左倾覆，此驾驶员跌出叉车被叉车压住致死。事故直接原因是该驾驶员倒车下坡时经验不足、疏于瞭望，造成左后轮悬空，在叉车快要侧翻时应急处理不当，两手没有抓牢车上部件，作业之前也没有系安全带，导致其在跳车时被倾覆的叉车压住致死。

2）2017年5月1日，上海市某公司内，装卸工曹某（未接受任何叉车驾驶培训）下班后未与任何人打招呼，无证擅自启动停放在场地上的蓄电池叉车，因技能生疏，叉车启动后车速控制不当，叉车快速冲出，避让不及直接撞至厂房立柱，致使其本人胸部撞击转向盘造成内出血死亡。

3）2018年11月11日，广东某公司深圳分公司一名装卸工人郭某擅自启动并驾驶货台内存放的一辆电动叉车驶入一货车车厢内卸货。货车车厢内有两板货物（服装衣帽），郭某本意想叉完这两板货物就行驶离开货台，被旁边的同事发现后制止，准备倒车回去，却不料打错方向导致叉车连人掉下高约1.3 m的卸货平台。郭某摔出驾驶室，叉车落地虽未直接砸到郭某，但侧翻后一部分压到郭某背部。

（3）货物未可靠固定。叉车作为一种便携装卸设备，作业对象千变万化，装卸规则物体时一般不需要绑扎。然而对于多数非规则物体，特别是圆形、光滑、超长、超宽、重心不明的物体，装卸时则必须进行可靠绑扎，确保在搬运过程中物体在叉齿上固定可靠。货物未可靠固定造成的事故也比较多，以2017—2019年场（厂）内专用机动车辆140起事故作为统计样本，此类事故共25起，占17.9%。

货物未可靠固定的典型案例如下：

1）2017年5月12日，浙江省杭州市某公司厂区内一辆叉车在装运纱包时，纱包整体向右倾覆，将右侧一名路过人员压住致死。主要原因是在未确保叉车装载货物稳定的情况下仍然进行违章作业，导致行驶过程中装载的货物倾覆。

2）2018年7月21日，辽宁省沈阳市某商贸中心一辆叉车在叉装玻璃箱体作业时，玻璃箱体倾覆，将位于叉车左前方推扶玻璃箱体的一名工人砸成重伤，经抢救无效于当日死亡。主要原因是未将箱体内玻璃用压杠固定，在叉装玻璃箱体时，箱体内玻璃翻转前倾，导致玻璃箱体沿叉尖方向倾倒。

3）2019年9月19日，江苏省盐城市某公司运送一批钢材。公司负责人安排其儿子（无叉车作业资格）进行装车，在驾驶叉车将配电柜铲起进行位置调整时，配电柜发生倾倒，砸中一名货车驾驶员，导致其右腿胫骨、腓骨骨折。主要原因是装运之前未将配电柜进行可靠固定，将配电柜铲起进行位置调整时，配电柜发生倾倒。

（4）视线受阻时违规正向行驶。叉车驾驶员正前方视线受阻时，按照叉车操作规程的规定应该倒车行驶或者在专人指引下正向行驶。这个道理虽然很简单，但是很多叉车驾驶员还是会偷懒、嫌麻烦、存在侥幸心理，经常违规正向行驶，给叉车行驶作业带来巨大的事故隐患。视线受阻时违规正向行驶造成的事故也比较常见，以2017—2019年场（厂）内专用机动车辆140起事故作为统计样本，此类事故共23起，占16.4%。

视线受阻时违规正向行驶典型案例如下：

1）2017年2月10日，江苏省常熟市发生一起场（厂）内专用机动车辆一般事故，造成1人死亡，直接经济损失80万元。事发时，该公司叉车司机刘某从拖板车上铲起一件卷钢放入堆位的过程中，叉车铲着卷钢撞击正在摆放垫木的劳务工许某并将其挤压在卷钢之间。主要原因是叉车司机在视线受叉车门架和装载货物阻挡的情况下未确认作业区域内其他作业人员位置，且在叉车未有人指挥的情况下冒险作业，将人员撞倒。

2）2017年10月26日，广东省韶关市某公司负责清理铁屑的叉车驾驶员郭某驾驶叉车将车削热处理分厂的铁屑运往堆放场，铁屑装在料斗内，当时料斗内堆放的铁屑高度约1.8 m，遮挡了郭某的驾驶视线。郭某在驾驶视线受阻的情况下依然正向驾驶叉车往铁屑堆放场运送铁屑，因无法及时看清叉车前进路线上的行人，将路过行人撞倒在叉车料斗下。

3）2018年7月7日，江西省赣州市某公司冶炼车间曾某驾驶叉车装卸废铜料，在转弯上坡时，叉车前面货物翘起，曾某无法注意叉车前方有人的情况，在叉车进入车间后，将在车间打电话的邹某撞倒。主要原因是叉车搬运货物时堆垛过高，挡住视线（货物高度达1.6 m），叉车转弯上坡过程中，将人员撞倒。

（5）超速行驶。叉车是货物装卸与短途运输装备，设计时注重最大限度提高狭小空间内的转弯灵活性，为此不得不在侧向稳定性上做出一定牺牲。所以叉车的侧向稳定性相对其他车辆低一些，叉车转弯时对速度的限制比较严格，稍有差池就可能导致车辆倾翻事故。同时，短途运输装卸作业要求的短小制动距离也制约了车辆的行驶速度。超速行驶是叉车使用过程中经常出现的违章事项，由此引发的事故也比较常见。以2017—2019年场（厂）内专用机动车辆140起事故作为统计样本，此类事故共10起，占7.1%。

超速行驶典型案例如下：

1）2017年7月7日，浙江省杭州市某公司下属调度员何某驾驶一台叉车到储运部仓库平台上，准备将堵住通道的部分轮胎转运到仓库平台左侧。何某驾驶叉车在转弯过程中车速过快，造成叉车侧翻，且何某作业时未系安全带，致使何某掉出叉车受伤，导致事故发生。

2）2019年5月14日，某景区内一辆观光列车在游览线路终点站下客后违反操作规定提前载客，准备转弯进入上客区。在转弯过程中因车速过快、离心力过大，造成第二节车厢发生侧翻，导致一名乘客受伤。

3）2019年6月22日，江苏省宿迁市某公司员工曹某在公司G区进行污泥装车作业，带载下坡违规正向行驶，走“之”字形路线，因车速过快在离心力作用下被甩出叉车后，挤在叉车尾部与货车之间，当场死亡。

（6）超载。叉车保持自身稳定平衡的条件决定了载荷力矩不能超出车辆的平衡力矩，每台车辆的平衡力矩在出厂时就已经确定了，反映在性能参数表上。与超速行驶出现的比例相近，叉车作业过程中的超载作业现象也比较多见。以2017—2019年场（厂）内专用机动车辆140起事故作为统计样本，此类事故共12

起，占 8.6%。

超载典型案例如下：

1）叉车叉齿举升过高，叉齿低位不超载而高位超载。2018 年 4 月 28 日，广东省中山市某木材烘干厂一名员工驾驶一辆叉车在厂区内搬运木板，操作过程中叉车向前倾倒，叉车尾部的平衡重因惯性脱离固定架，从叉车背后压向驾驶室，造成该驾驶员死亡。根据事故叉车制造单位提供的相同型号叉车载荷曲线图表和叉车使用说明，当叉车货叉起升高度达到 3.0 m，载荷中心距为 775～800 mm 时，在地面平整且门架完全垂直的状态下，相应的最大允许起重量为 2.2 t。本次事故中，叉车作业时装载木板 2.6 t，货叉高度达 3.5 m，处于超载、超高状态。当叉车行驶在下斜坡路段，货叉上的木板与通道左侧工字钢立柱发生碰撞，货叉上的木板发生偏转和重心前移现象，载荷中心距增大导致叉车失稳、倾覆。斜坡下行、货物碰撞后重心前移进一步加剧超载程度，导致叉车倾覆力矩大于稳定力矩，叉车失稳倾覆。

2）叉车搬运超出叉车作业能力范围的货物和增加配重块违规超载作业。2018 年 12 月 11 日，浙江省金华市某公司厂房内发生一起场（厂）内专用机动车辆一般事故，造成 1 人死亡，直接经济损失 30 万元。涉事叉车型号为 CPCD100，额定起重量为 10 t，载荷中心距为 600 mm。事故发生时，叉车作业对象是一台热胶合机，热胶合机长度为 3.5 m，宽度为 1.3 m，高度为 3.2 m，质量约为 16.6 t，作业对象质量和重心到货叉垂直段前壁的水平距离都超过叉车的性能参数。

（7）行驶中门架或货叉未落到低位。叉车出厂使用说明书中明确规定，叉车行驶前需将门架后倾并将货叉下降到低位以确保车辆整体稳定性。但是，叉车驾驶员在日常作业中经常会贪图省事，习惯性地违反该项规定要求。以2017—2019年场（厂）内专用机动车辆140起事故作为统计样本，此类事故共6起，占4.3%。

行驶中门架或货叉未落到低位典型案例如2017年2月17日，浙江省杭州市某仓储仓库，一物流公司发生一起场（厂）内专用机动车辆一般事故，造成1人死亡。该公司员工赵某在无证驾驶叉车将物料码放到指定位置的过程中，采用边倒车行驶边起升物料并向右转弯180°的不安全作业方式，使叉车在所载物料底端离地面高度达2.2 m的情况下大角度急转弯，造成叉车失去横向稳定而向右倾覆。

（8）叉齿上违规站人。在叉车日常作业过程中，有些作业人员安全意识淡薄，侥幸心理严重，站在叉齿或货物托架上进行理货拣货作业，存在很大风险，易发生人员坠落事故。以2017—2019年场（厂）内专用机动车辆140起事故作为统计样本，此类事故共5起，占3.6%。

叉齿上违规站人典型案例如下：

1）2017年7月26日，云南省昆明市某物流公司发生一起叉车在装卸电动车过程中，装卸辅助工从叉车上跌落受伤的事故。事发时该公司经理胡某操作叉车将电动车装车，该公司装卸工左某站立在叉齿上辅助卸货，由于失去平衡，左某从叉齿上跌落（叉齿离地约3 m），造成重伤。

2）2018年12月15日，上海市金山区朱泾镇某金属材料公司厂区露天场地内，作业人员罗某无证操作叉车，违章指挥段某站在叉齿上扶玻璃，在运行过程中叉车碰到前方地面上闲置的托盘，致使玻璃惯性倾倒，导致段某被压致死。

（9）应急处置时未停车熄火。叉车装卸搬运作业过程中，难免会遇到一些意外状况需要熄火停车进行应急处理，设备出厂使用说明书上都有明确的应急处置措施和程序。但是，一些叉车驾驶员安全意识淡薄，遵守操作规程的自觉性不够，习惯性地违反操作规程，由此造成事故。以 2017—2019 年场（厂）内专用机动车辆 140 起事故作为统计样本，此类事故共 4 起，占 2.9%。

应急处置时未停车熄火典型案例如下：

1）2018 年 10 月 5 日，广东省佛山市某物流公司员工梁某在驾驶电动叉车搬运货物过程中发现货叉上货物有倾斜现象，在没有将车辆断电的情况下，梁某踏上叉车驾驶室，头部与上身伸进叉车的门架与护顶架之间，用手推动货叉上部的错位货物，其间误碰操作杆，叉车门架突然后倾向护顶架方向移动，挤住梁某头部。

2）2017 年 8 月 15 日，广东省江门市某食品公司发生一起叉车作业过程中人员死亡事故。作业时，叉车升起升降门架过高并且倾斜，导致上层板顶面的一箱成品跌落到叉车驾驶室顶部，甘某在没有停车熄火的情况下，冒险爬上叉车驾驶室位前台清理跌落的货物，不慎触碰到操纵杆，致使叉车升降门架再次上升而将甘某头部挤夹在叉车门架与叉车护顶架边缘。

7.2.3　环境原因

2017—2019 年场（厂）内专用机动车辆 140 起事故中事故原因涉及环境原因的有 18 起，占比 12.9%。18 起环境原因中涉及坡路的有 5 起（占比 27.8%），涉及地面不平的有 4 起（占比 22.2%），涉及窄小场地人车交叉的有 4 起（占比 22.2%），涉及道路宽度不足的有 3 起（占比 16.7%），涉及光线变化和噪声因素的各 1 起（分别占比 5.6%），如图 7.11 所示。

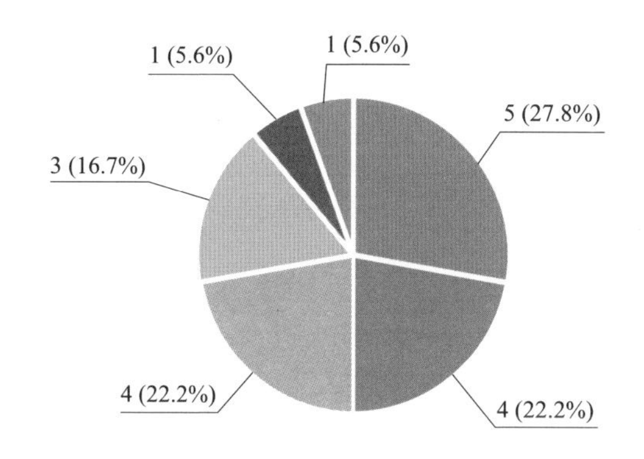

■坡路 ■地面不平 ■窄小场地人车交叉 ■道路宽度不足 ■光线变化 ■噪声因素

图 7. 11　2017—2019 年涉及环境原因的场（厂）内专用机动车辆事故分布情况

（1）下坡。坡路典型案例如 2018 年 7 月 3 日，黑龙江省哈尔滨市某金属材料公司操作人员郑某驾驶叉车时，因天空忽降大雨，视线不清，郑某操作不当，造成叉车行至下坡路段时因制动偏转发生倾覆侧翻。2019 年 7 月 31 日，黑龙江省哈尔滨市某劳务服务公司工长和其公司工人驾驶公司叉车去车库取废机油。途中，叉车行驶至厂区内丁字路口后，左转驶入下坡路段，坡度约为 10°。行驶约 20 m 后，叉车偏向，因受到离心力作用而失去稳定性，侧翻到路旁沟内，工长背部被叉车护顶架压住，经医院抢救无效死亡。

（2）地面不平。地面不平典型案例如 2019 年 7 月 11 日，广东省中山市某公司锅炉安装现场零星摆放一些锅炉用变压器控制柜，该公司何某操作叉车，将变压器控制柜起升至离地 0. 1 m 高度，但并未按照叉车操作规程将变压器控制柜叉到位并后倾至倚靠挡货架的相对稳定状态，未对控制柜采取固定防脱落措施。当倒车运行 25 m 经过地面有钢板等异物处时，叉车出现摇晃，变压器控制柜重心不稳，发生摇摆并侧翻压住在叉车旁帮扶的王某，致王某受伤后死亡。

（3）窄小场地人车交叉。窄小场地人车交叉典型案例如 2017 年 4 月 10 日，广东省佛山市某电机制造有限公司发生一起叉车伤人事故，该公司员工邹某在机器加工车间驾驶一辆叉着物料的叉车与产品质量巡检员卢某碰撞，叉车左前轮惯性碾压过卢某大腿。主要原因是叉车使用单位未能规范完善叉车的作业环境，未在车间内采取人车分流的措施，未能设置必要的安全警示标识，未采取措施降低车间内噪声对叉车工作及运行的影响。

（4）道路宽度不足。道路宽度不足典型案例如 2018 年 1 月 2 日，江苏省扬州市某公司员工王某驾驶叉车由北向南行驶过程中，在 102 车间与锅炉房之间通道处撞倒黄某，黄某被送医院救治无效死亡。事故主要原因：事发路段道路宽 8 m，后增加的除尘设备宽约 4 m、长约 16 m，占据了半幅道路，对叉车通行有一定影响。此外，锅炉除尘设备运行噪声对行人辨别叉车行驶的声音也有一定影响。操作人员无证作业且在货物遮挡了大部分视线的情况下，未采取倒开的方式，违规正开叉车。

（5）光线变化和噪声因素。光线变化和噪声因素主要体现在以下方面：

1）从室外明亮处进入光线较暗的厂房内。例如，2017 年 3 月 13 日，江苏省某船舶公司叉车司机陈某驾驶空载叉车由北向南行驶过程中，在 8 跨厂房 5 跨东侧大门处与由东向西行走的打磨工向某相撞，向某经送医院救治无效死亡。事故原因为叉车司机陈某在厂房内驾驶叉车速度达到了 16 km/h，属于违章超速行驶，同时注意力不集中，未及时避让行人，而向某从室外明亮处进入光线较暗的厂房内，未认真观察道路及车辆状况。

2）叉车行驶道路周边环境噪声较大。例如，2017 年 3 月 26 日，江苏省镇江市某综合石化工业有限公司叉车工李某驾驶一辆蓄电池平衡重叉车装载该公司四号仓库东侧灌装线用尼龙包包装的多聚甲醛成品两袋（总质量为 1 000 kg，货物离地面高度约 1.82 m，阻挡叉车工向前行驶的视线）。由于叉车工李某提前向左转向偏离了正常靠右侧行驶的路线，加之该道路东侧车间设备运行噪声较大，孙某行走时未能察觉后方有叉车运行，最终导致孙某被叉车碰撞倒地后遭前轮碾压，经抢救无效死亡。

7.3　风险警示与防控

设备风险主要是工作装置失效或错装（如货叉锁止装置功能失效、货叉反装等）、制动器失效等。

人为风险主要是行驶中瞭望不足、操作失误、货物未可靠固定、视线受阻时正向行驶等。

（1）应定期对工作装置进行检查和维护保养，不得随意对货叉进行违规改装，不得野蛮操作和超载使用；定期检查刹车系统，每次出车前都应对刹车系统进行检查，查看踏板的行程、阻力，确保处于正常状态；定期检查各类插接器、接触器等是否安装牢固，经常检查电控连接处的各个连接头，是否存在打火、松动、变颜色的地方，检查各个插头处是否存在腐蚀氧化，如果有应尽快处理。

（2）场（厂）内专用机动车辆事故主要发生在行驶和拆垛与堆垛作业过程中，而行驶过程中发生的事故占了很大的比例，建议借鉴公路交通管理的一些成熟经验，如累积记分制和罚款制等，将之用于场（厂）内专用机动车辆的行驶管理。

（3）基于事故场景，强化驾驶员的培训和继续教育，尤其是行驶中的观察瞭望、超速、超载、载货稳定性等，避免疲劳驾驶。

（4）应加大技防方面的投入力度，推广人脸识别、指纹或者IC（集成电路）卡技术的应用，从硬件上防范无证人员上机操作的情况发生；推广对超速行驶、超载作业、不系安全带、转弯未减速、视线受阻正向行驶等危险行为的实时检测报警技术，充分运用现代物联网技术，建立叉车作业管理的后方控制平台，以减少操作失误情况的发生。

第八章 气瓶事故原因分析及风险警示

8.1 事故概述

2017—2019 年各地通过全国特种设备事故管理系统报送气瓶事故及相关事故共 17 起（事故 11 起、相关事故 6 起），本章内容以其中的 11 起事故为研究对象进行分析，所有分析结果均以该 11 起事故为基数计算得出。

8.1.1 按年度统计

2017—2019 年气瓶事故数量如图 8.1 所示。与 2017 年相比，2018 年气瓶事故总数下降，2019 年又有所回升。

8.1.2 按伤亡情况统计

2017—2019 年气瓶事故死亡和受伤人数如图 8.2 所示。2018 年气瓶事故受伤人数急速下降，2019 年又略有回升，呈折线趋势。

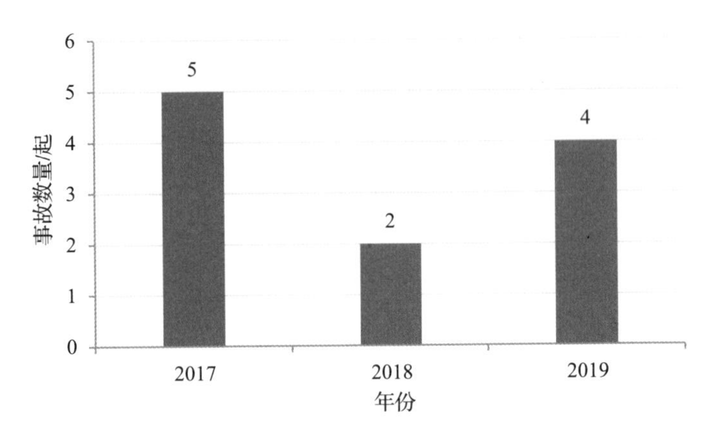

图 8.1　2017—2019 年气瓶事故数量

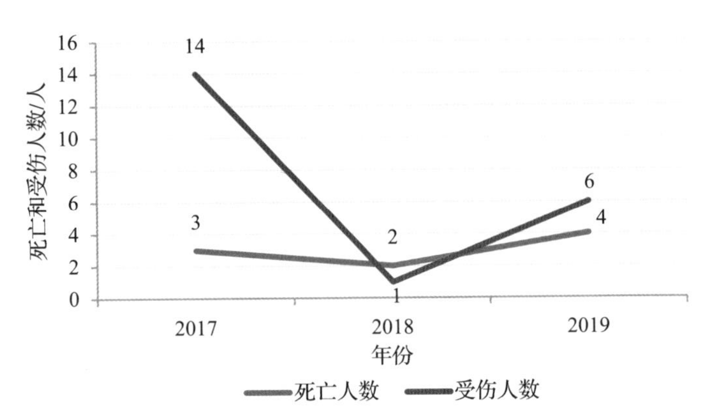

图 8.2　2017—2019 年气瓶事故死亡和受伤人数

8.1.3　按事故等级统计

在 11 起气瓶事故中，一般事故 2 起，受伤 2 人；较大事故 9 起，死亡 9 人，受伤 19 人（如图 8.3 所示）。

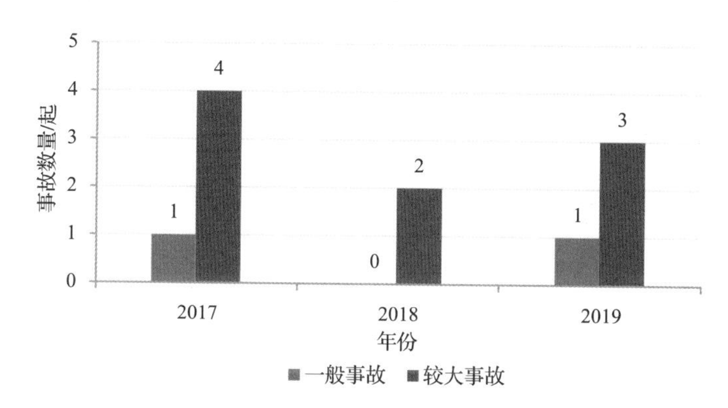

图 8.3　2017—2019 年气瓶事故按事故等级分布情况

8.1.4　按事故现象统计

在 11 起气瓶事故中，事故现象为爆炸、爆燃和断裂。其中爆炸 5 起，占比 45.5%；爆燃 3 起，占比 27.3%；断裂 3 起，占比 27.3%（如图 8.4 所示）。

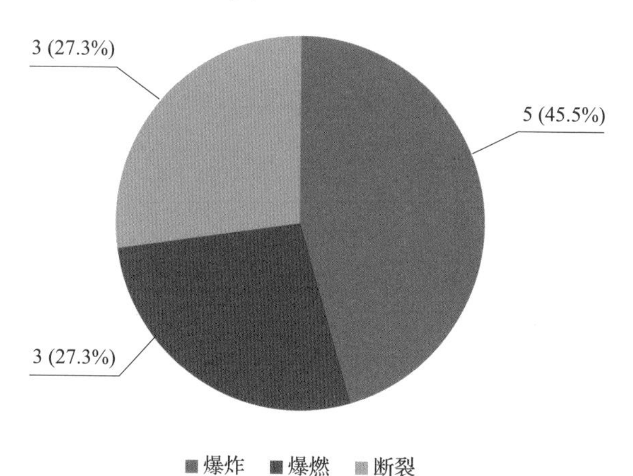

图 8.4　2017—2019 年气瓶事故按事故现象分布情况

8.1.5 按事故发生区域统计

2017—2019 年气瓶事故按事故发生区域分布情况见表 8.1。

表 8.1 2017—2019 年气瓶事故按事故发生区域分布情况

省份	事故数量/起	一般事故数量/起	较大事故数量/起	死亡人数/人	受伤人数/人
北京	1	1	0	0	2
内蒙古	1	0	1	2	0
吉林	1	0	1	1	3
江苏	1	0	1	1	0
安徽	1	1	0	0	0
河南	1	0	1	0	1
湖北	1	0	1	2	1
湖南	1	0	1	1	1
云南	1	0	1	1	0
青海	1	0	1	1	13
宁夏	1	0	1	0	0
合计	11	2	9	9	21

8.1.6 按事故发生环节统计

在 11 起气瓶事故中，发生在充装环节的有 5 起，占比 45.5%；发生在使用环节的有 4 起，占比 36.4%；发生在检验环节的有 2 起，占比 18.2%，如图 8.5 所示。

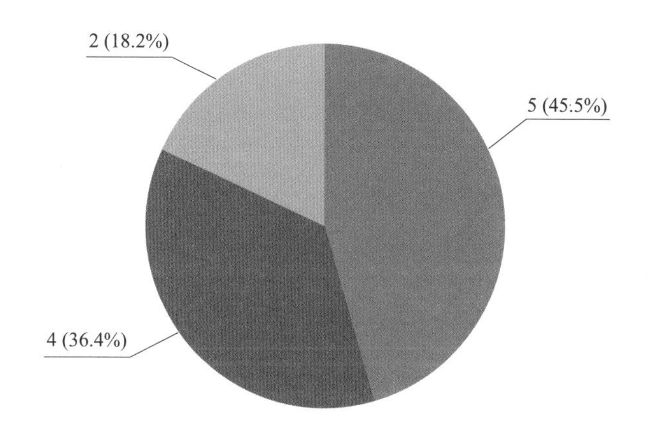

图 8.5 2017—2019 年气瓶事故按事故发生环节分布情况

8.2 事故原因分析

8.2.1 设备原因

11 起事故中，涉及设备原因的仅有 1 起，占比 9.1%，占已有调查报告明确调查结论 8 起事故的 12.5%。导致气瓶事故发生的设备原因是瓶体与瓶阀连接螺纹副松动，相互啮合的螺纹牙减少，无法承受气瓶内压产生的轴向拉力，致使瓶阀和瓶体分离。

典型案例如 2017 年 1 月 15 日安徽省淮南市气瓶断裂事故。某气瓶检测站对车用压缩天然气瓶进行定期检验，排空余气操作时将排空管接口螺母接入气瓶瓶阀过程中，气瓶瓶阀和瓶体突然分离，瓶体飞出。主要原因是在气瓶内仍有压力的情况下，瓶体与瓶阀连接螺纹副发生了松动，相互啮合的螺纹牙减少，无法承

受气瓶内压产生的轴向拉力，最终导致瓶阀和瓶体突然分离。对瓶口、瓶阀上存留蜡状物的分析显示，事故发生之前对瓶阀进行过拆卸。但从相关标准对瓶体、瓶阀连接螺纹副的尺寸配合规定看，不建议拆卸过的瓶阀复用。

8.2.2 人为原因

11起事故中，涉及人为原因的有7起（占比63.6%），占已有调查报告明确调查结论8起事故的87.5%。导致气瓶事故发生的人为原因主要表现为擅自开阀试压或排气或未关紧阀门（其中开阀试压或排气3起，未关紧阀门1起）、过量充装（2起）、变更介质（1起）、擅自加厚爆破片（1起）、氧气瓶内部混入油脂（1起）、使用报废气瓶（1起），其中两起事故涉及多个人为原因，如图8.6所示。

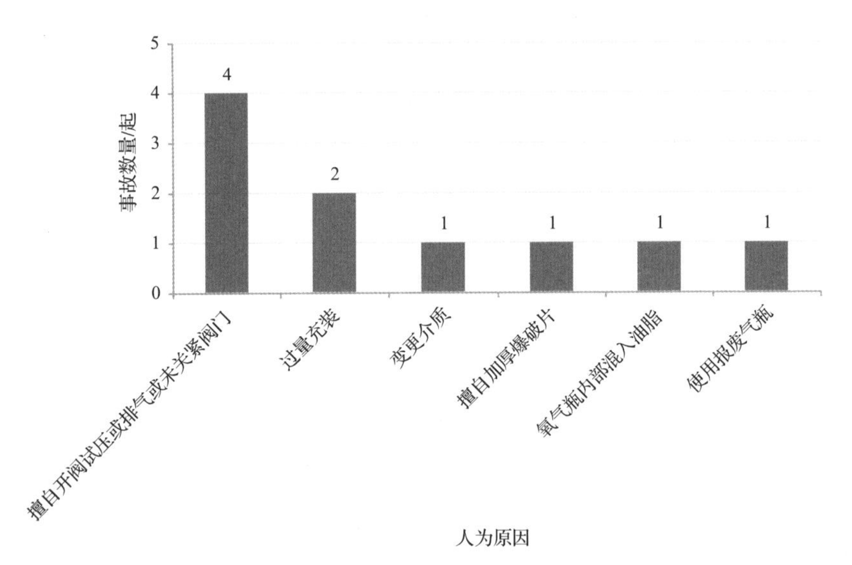

图8.6　2017—2019年涉及人为原因的气瓶事故分布情况

（1）擅自开阀试压或排气或未关紧阀门。擅自开阀试压或排气典型案例如2017年10月31日内蒙古巴彦淖尔市气瓶爆炸事故，氧气瓶搬运人员擅自开阀试压，导致高纯氧气与可燃物（柴油）接触燃烧，燃烧气体逆向进入氧气瓶发生爆炸。2018年12月26日云南省昆明市气瓶爆炸事故中，在液化石油气钢瓶充装过程中，多个气瓶在充装台放气（拧动气瓶角阀进行放气属违章作业），导致液化石油气在充装台地面积聚，被外部能量（衣服静电）点燃发生爆炸。由于爆炸瞬间速度极快，气瓶发生回火，引爆瓶内处于爆炸极限的混合气体，导致气瓶几乎同时发生化学爆炸。2019年8月27日吉林省吉林市气瓶爆炸事故中，在液化石油气钢瓶检验时，只进行了残液回收，未进行残气回收，却在检验间内排放残气，造成可燃气体浓度达到爆炸极限，关闭检验间空压机开关时产生电火花，发生爆燃事故。

未关紧阀门典型案例如2017年11月29日河南省郑州市气瓶爆炸事故，在液化石油气钢瓶充装时，钢瓶阀门没关紧而漏气，遇静电致爆燃而引发钢瓶爆裂。

（2）过量充装。过量充装典型案例如2017年8月29日青海省西宁市气瓶爆炸事故，使用过量充装二氧化碳气瓶，气瓶内部压力超过允许的工作压力引发爆炸事故。2017年12月15日宁夏银川市气瓶爆炸事故中，在乙炔气瓶充装时，过量充装引发爆炸。同时还存在充装排架无安全防护和报警装置①、使用报废气瓶情形。

（3）变更介质。变更介质典型案例如2017年8月29日青海

① 充装排架安全防护装置一般指安全阀和压力表，报警装置一般指液体气瓶承重报警和气体气瓶超压报警装置。

省西宁市气瓶爆炸事故，使用更换气瓶介质（氮气更换为二氧化碳）的气瓶，因过量充装二氧化碳，气瓶内部压力超过允许的工作压力引发爆炸事故。

（4）擅自加厚爆破片。擅自加厚爆破片典型案例如2017年8月29日青海省西宁市气瓶爆炸事故，人为加厚爆破片，导致气瓶使用时，因过量充装二氧化碳，气瓶内部压力超过允许的工作压力引发爆炸事故。

（5）氧气瓶内部混入油脂。氧气瓶内部混入油脂典型案例如2018年1月31日湖南省益阳市气瓶爆炸事故，氧气瓶充装时内部沾有油脂，在充装终了时与瓶内氧气充分混合达到爆炸极限，遇激发能量造成爆炸。

（6）使用报废气瓶。使用报废气瓶典型案例如2017年12月15日宁夏银川市气瓶爆炸事故，使用报废的乙炔气瓶，因过量充装引发爆炸。

8.3　风险警示与防控

设备风险主要是瓶体与瓶阀连接螺纹副松动导致强度失效。

人为风险主要是擅自开阀试压或排气或未关紧阀门、过量充装。

（1）禁止复用拆卸过的瓶阀，定期检验时对瓶体与瓶阀螺纹连接可靠性进行检查，使用和充装前也要对连接部位、气瓶混入油脂等情况进行检查确认。

（2）规范操作培训。例如，严禁擅自开阀试压或排气，严禁过量充装，严禁介质混用、擅自改变低温绝热气瓶爆破片型号、使用报废气瓶等。

第九章 压力管道事故原因分析及风险警示

9.1 事故概述

2017—2019 年各地通过全国特种设备事故管理系统报送压力管道事故及相关事故 6 起（事故 4 起、相关事故 2 起），本章内容以其中具有相对完整结案材料的 5 起（4 起事故、1 起相关事故）为研究对象进行分析，同时为分析需要，中石油中缅天然气管道黔西南州晴隆段“6・10”泄漏燃爆较大事故也计入分析。所有分析结果均以该 6 起事故为基数计算得出。6 起压力管道事故明细见表 9.1。

表 9.1　　6 起压力管道事故明细

事发年份	事发省份	事故等级	事故现象	死亡人数/人	受伤人数/人
2017 年	吉林	一般事故	泄漏	1	0
2017 年	宁夏	一般事故（相关事故）	泄漏	1	2
2017 年	福建	较大事故	泄漏	3	2

续表

事发年份	事发省份	事故等级	事故现象	死亡人数/人	受伤人数/人
2018年	黑龙江	较大事故	爆炸	0	4
2018年	贵州	较大事故	泄漏	1	23
2019年	辽宁	一般事故	泄漏	1	1

9.2 事故原因分析

9.2.1 设备原因

在6起压力管道事故中，涉及设备原因的有5起，占比83.3%。设备原因主要有焊缝质量不合格（3起，占比60.0%）、阀门结构不合理（1起，占比20.0%）、膨胀节失效（1起，占比20.0%），如图9.1所示。

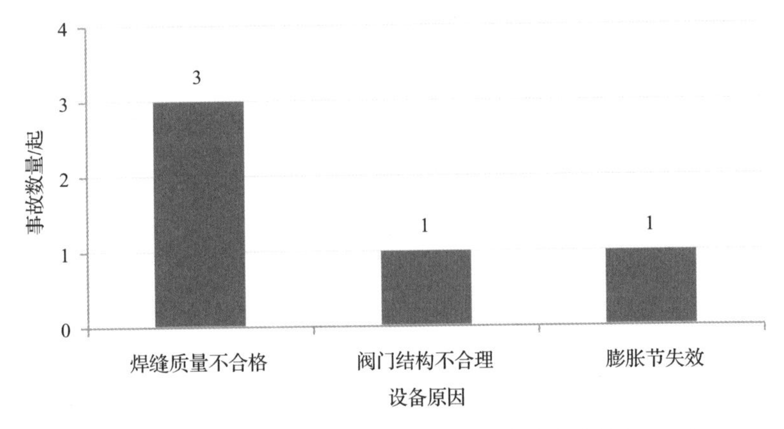

图9.1　2017—2019年涉及设备原因的压力管道事故分布情况

（1）焊缝质量不合格。典型案例如2018年3月5日黑龙江省佳木斯市管道爆炸事故，天然气管线施工质量不合格（包括焊接、回填土和深埋等方面不符合相关标准和规范要求，存在严重的施工质量问题），导致管道断裂造成天然气泄漏，是导致事故发生的直接原因。天然气管道断裂导致天然气瞬间大量泄漏，泄漏的天然气沿排水井、排水沟、电缆沟、通信沟窜入小区居民楼内，达到爆炸极限后遇点火能量引发爆炸、着火。同时，事故抢修处置不当。2019 年 9 月 4 日辽宁省大连市管道泄漏事故中，液氨管道焊缝存在严重的质量缺陷，是导致管道爆裂事故发生的直接原因。氯化铵工序液氨管道更换次日，在管道投用充氨后，该段管道新焊接的一条环焊缝完全断裂，大量液氨泄漏，致使在管道下方进行设备检查的员工中毒。2018 年中石油中缅天然气管道黔西南州晴隆段“6・10”泄漏燃爆事故中，天然气输气管道因环焊缝脆性断裂导致管内天然气大量泄漏，与空气混合形成爆炸性混合物，大量冲出的天然气与管道断裂处强烈摩擦产生静电引发燃烧爆炸，是导致事故发生的直接原因。现场焊接质量不满足相关标准要求，在组合载荷的作用下环焊缝脆性断裂。导致环焊缝质量出现问题的因素包括现场执行 X80 级钢管道焊接工艺不严，现场无损检测标准要求低，施工质量管理不严等。

（2）阀门结构不合理。典型案例如 2017 年 5 月 16 日宁夏银川市管道阀门泄漏事故，事故单位 11 号气化炉激冷水 B 泵出现异常，作业人员对入口管线进行冲洗作业后，在关闭入口阀门时，执行机构脱出，大量高温汽水混合物由阀体向外喷出。该阀门曾因内漏返厂修理一次，阀门厂家擅自变更阀门结构，使得运行过程通过驱动装置操作弯矩、扭矩、介质内压力产生的拉应力等载荷全部叠加在连接盘内六角螺钉上，叠加载荷产生的剪切力达到了极限，使连接阀体上执行机构的内六角螺栓断裂，执行机构脱出，大量汽水混合物喷出。事故阀门结构在全开全闭状态下不易积灰，且阀腔内所积灰垢易冲洗掉，但阀门非全开状态所积灰垢无法靠水冲洗干净，导致阀门开闭卡涩，需用较大的力矩才能开闭。开闭力矩等载荷通过驱动装置传递到连接盘内六角螺钉上，导致连接盘内六角螺钉所承受的载荷超过了所能承受的极限而产生断裂。此外，成品阀门的适用介质与设计方案不一致，从灰水、煤灰等介质变为了水、油、气等。

（3）膨胀节失效。典型案例如 2017 年 9 月 8 日福建省厦门市管道膨胀节泄漏事故，蒸汽管道波纹膨胀节长时间在交变应力、水击的共同作用下产生疲劳裂纹，当膨胀节上的疲劳裂纹无法承受工作载荷时，该膨胀节突然破裂，大量高温高压蒸汽喷出后沿着外护管腐蚀破损开口处冲向简易搭建房屋（地磅店管理板房）方向，是造成事故的直接原因。地磅店现场管理人员及活动人员长期生活所产生的生活污水、自来水等从硬化地面裂缝处渗到地下，加剧了外护管腐蚀的速度。该膨胀节以前因泄漏更换过。

9.2.2 人为原因

6 起压力管道事故均涉及人为原因，其中主要为人为原因的有 1 起，其余 5 起既有设备原因又有人为原因。人为原因主要表现为施工质量不合格（3 起，包括焊接、埋深、回填土不合格）、带压拆卸（1 起）、擅自变更阀门结构（1 起）、未发现部件超标缺陷（1 起）、应急处置不当（1 起），如图 9.2 所示。

（1）施工质量不合格。典型案例如 2018 年 3 月 5 日黑龙江省佳木斯市管道爆炸事故，天然气管线施工质量不合格（包括焊接、回填土和深埋等方面不符合相关标准和规范要求，存在严重

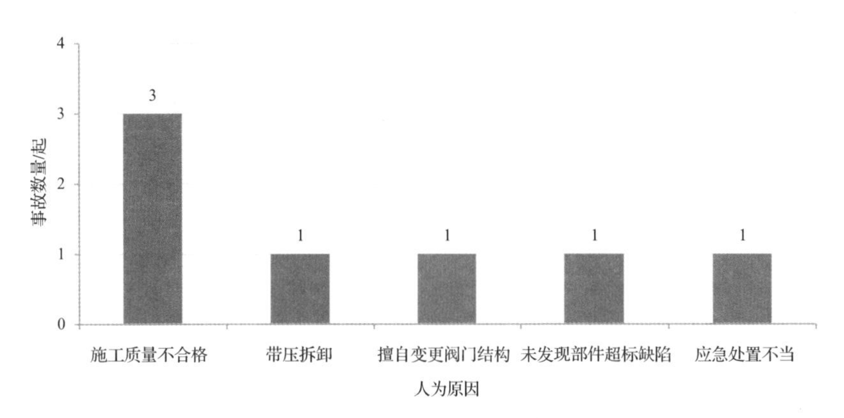

图 9.2　2017—2019 年涉及人为原因的压力管道事故分布情况

的施工质量问题），导致管道断裂造成天然气泄漏，是导致事故发生的直接原因。2019 年 9 月 4 日辽宁省大连市管道泄漏事故中，管道焊接质量不合格，导致液氨管道焊缝存在严重的质量缺陷，是管道爆裂事故发生的直接原因。2018 年中石油中缅天然气管道黔西南州晴隆段“6・10”泄漏燃爆事故中，现场焊接质量不满足相关标准要求，在组合载荷的作用下环焊缝脆性断裂。导致环焊缝质量出现问题的因素包括现场执行 X80 级钢管道焊接工艺不严，现场无损检测标准要求低，施工质量管理不严等。

（2）带压拆卸。典型案例如 2017 年 12 月 14 日吉林省德惠市管道泄漏事故，操作人员对压力机压缩空气管道节流阀进行调试时，违章带压拆卸节流阀阀座上的内六角紧固螺栓，导致管道内气体溢出，节流阀阀芯脱出击打操作人员头部致其坠落地面。

（3）擅自变更阀门结构。典型案例如 2017 年 5 月 16 日宁夏银川市管道阀门泄漏事故中，事故单位 11 号气化炉激冷水 B 泵出现异常，作业人员对入口管线进行冲洗作业后，在关闭入口阀门时，执行机构脱出，大量高温汽水混合物由阀体向外喷出。该阀门曾因内漏返厂修理一次，阀门厂家擅自变更阀门结构，使得运行过程通过驱动装置操作弯矩、扭矩、介质内压力产生的拉应力等载荷全部叠加在连接盘内六角螺钉上，叠加载荷产生的剪切力达到了极限，使连接阀体上执行机构的内六角螺栓断裂后，执行机构脱出，大量汽水混合物喷出。

（4）未发现部件超标缺陷。典型案例如 2017 年 9 月 8 日福建省厦门市管道膨胀节泄漏事故，蒸汽管道波纹膨胀节长时间在交变应力、水击的共同作用下产生疲劳裂纹，当膨胀节上的疲劳裂纹无法承受工作载荷时，该膨胀节突然破裂，大量高温高压蒸汽喷出后沿着外护管腐蚀破损开口处冲向简易搭建房屋（地磅店管理板房）方向，是造成事故的直接原因。未发现蒸汽管道波纹膨胀节超标缺陷，也是造成事故的原因之一。

（5）应急处置不当。典型案例如 2018 年 3 月 5 日黑龙江省佳木斯市管道爆炸事故，天然气管线施工质量不合格（包括焊接、回填土和深埋等方面不符合相关标准和规范要求，存在严重的施工质量问题），导致管道断裂造成天然气泄漏，是导致事故发生的直接原因。此外，事故抢修处置不当。

9.3　风险警示与防控

设备风险主要是焊缝质量不合格、阀门结构不合理和膨胀节失效。

人为风险主要是施工质量不合格、带压拆卸、擅自变更阀门结构和未发现部件超标缺陷等。

（1）施工单位应加强焊接质量控制，规范施工操作。杜绝焊工无资格或超范围焊接作业、焊接施工工艺不符合焊接作业指导书和图样要求、带压拆卸等现象；强化管道安装告知，接受监督检验。设计单位应严格执行设计变更法规规定。

（2）使用单位应加强对埋地管道本体及元件在役腐蚀、开裂等在役损伤的风险评估和定期检查。必要时进行剩余寿命评估，及时更换。

第十章 报告总体结论

10.1 锅炉篇

10.1.1 事故致因

（1）设备原因。事故原因中，涉及设备原因的共有 16 起，占事故总数的 64.0%。设备原因包括联锁保护装置未装或失效（8 起，其中 1 起属于超压联锁失效，7 起属于低水位联锁保护失效）、安全阀锈死失效（6 起）、材质错用引起老化（1 起）、焊接质量不合格（1 起）。

（2）人为原因。除了得出报告结论时还在详细调查原因的 2 起事故外，其他 23 起事故都与人员的违章作业有关，主要表现包括安全阀长期未校验（6 起），烧干锅后违章加水（4 起），锅炉水质超标结垢导致锅筒（炉胆）过热（3 起），安全阀被盲板封死以及压力联锁保护未调试（1 起），耐压试验时违规使用不当介质（1 起），违规使用已报停的未检验产品（1 起），仪器仪表未计量（1 起），燃气安全切断阀强行短接（1 起）。

10.1.2　风险警示与防控

设备风险主要是锅炉低水位联锁保护失效和安全阀锈死失效。

人为风险主要是安全阀长期未校验、烧干锅后违章加水、锅炉水质超标结垢。与安全附件相关的问题占比44.4%。

（1）关于锅炉水位报警及联锁保护装置设置要求。2017年年初，《锅规》1号修改单要求对所有蒸汽锅炉加装低水位联锁保护装置。在无法完全杜绝司炉人员脱岗的情况下，建议在《锅规》或者标准中就警报的装设位置、数量、报警型式等做进一步的规定。同时，鉴于目前水位联锁保护装置的可靠性不高，建议在《锅规》中对水位联锁保护装置提出安全完整性等级要求。

（2）要重视锅炉超压报警及联锁保护装置。现行规程中，额定蒸发量为6 t/h及以上的锅炉才需要配置超压报警和联锁保护装置，建议在《锅规》中对额定蒸发量在6 t/h以下的锅炉也提出配置超压报警和联锁保护装置的原则要求，或者给出替代满足条件。

（3）使用和运维单位自查重点。锅炉使用和运维单位应重点对燃烧器、锅炉安全附件和安全联锁保护装置进行逐项检查并做好记录，定期进行冲洗锅炉水位计、压力表等操作，定期进行安全阀手动排放试验，定期进行超压联锁和水位联锁模拟试验，发现就地水位表与远传水位表读数不一致或者两个远传水位表读数不一致时要及时进行检查，排除故障，确保安全附件和安全联锁保护装置灵敏可靠；监测锅炉水质，防止锅炉结垢损坏受热面，经检查垢量超标要及时进行清洗。

（4）检验单位锅炉定检重点。锅炉定检机构在进行定期检验时，要特别重视安全阀校验和安全联锁保护装置的功能试验，定期进行校验，保障动作灵敏可靠。应检查使用单位是否进行了自我检查和试验，对远程水位测量装置要加强现场检查及功能试验见证，防止使用单位解列运行或者带病违规运行。对燃油（气）锅炉，要重视锅炉点火程序和熄火保护是否符合要求，锅炉房内供油（气）管线是否有专门的漏气检测、通风安全、电气防爆等设施。

针对电站锅炉，还要重视母管制机组锅炉母管的检验工作，避免主蒸汽母管和给水母管出现超期未检、局部不具备检验条件的情况。这些管道属于炉外管道，检验机构要严格按照安全技术规范要求进行检验。

（5）加强安装、修理、改造环节施工质量控制和监督检验。一是在安装环节加强施工质量控制和监督抽查。二是针对锅炉改造尤其是燃煤锅炉改燃生物质锅炉，技术机构应加强对改造设计方案的审查，需要监督检验的还要进行监督检验。三是监检员应对调试的整个过程加强监督，不能只对水压试验一个环节现场见证。在安装过程中监检员不可能100%到位的情况下，要针对不同炉型进一步研究监督检验的控制点，做出有针对性的安排。加强对锅炉远程水位测量装置安装质量的监检工作，防止出现违背规程要求的情况。

（6）重视新装锅炉系统调试工作。由于目前我国对锅炉调试单位没有单独核准发证，新装锅炉的调试一般由安装单位或者锅炉制造单位进行。调试时，锅炉使用单位、锅炉安装（调试）单位或锅炉制造单位应承担好各自的责任，共同做好锅炉本体、辅机和安全附件、报警保护装置的调试工作。

燃烧器的改造或更换应当按照锅炉修理的规定履行有关施工

告知程序。对燃烧器进行调试时，应当由燃烧器制造单位或其授权单位的技术人员进行现场指导并负责安全。

近年来，国外电站锅炉出现了多起 T/P91-92 钢相关的早期失效问题。为此，ASME 标准技术委员会对欧洲和日本新提供的 1 279 个 Gr91 材料的高温持久试验数据进行了重新评估。根据评估结果，ASME 对该材料不同温度下的许用应力分别下调了 8.0%~19.0%，并于 2019 年 7 月在新标准中正式颁布，2020 年正式实施。我国电站锅炉大多采用 ASME 标准设计制造，下调材料许用应力对已经生产和使用的锅炉产生的潜在影响目前尚无相关事故报告，但锅炉使用单位和检验单位应当加强这方面的积累和监督，及时跟踪已投运锅炉材料的老化情况。

10.2　压力容器篇

10.2.1　事故致因

（1）设备原因。压力容器安全附件失效、解列或未装设导致的事故共 13 起，占事故总数 56.5%，其中快开门安全联锁装置失效、解列或未装设导致的事故 10 起（占比 43.5%），未装设安全附件导致的事故 1 起，温度压力安全联锁保护装置解列导致的事故 1 起，安全阀排出口未装设放空管导致的事故 1 起；质量缺陷导致的事故 2 起，占事故总数的 8.7%；单向阀失效导致的事故 1 起，占事故总数的 4.3%；内表面局部腐蚀减薄导致的事故 1 起，占事故总数的 4.3%。

（2）人为原因。主要表现有未及时排除安全联锁装置失效隐患（8 起，占比 34.8%），擅自更改、停用、拆除安全联锁装置或其他安全附件（7 起，占比 30.4%），应急处置不当（3 起，占比 13.0%），超温或超压运行（2 起，占比 8.7%），未及时处理部件故障或超标缺陷（2 起，占比 8.7%），擅自启用长期停用或报废的设备（2 起，占比 8.7%），带压拆卸（1 起，占比 4.3%）。

10.2.2 风险警示与防控

设备风险主要是安全附件失效、解列或未装设，尤其是快开门安全联锁装置失效、解列或未装设。

人为风险主要是未及时排除安全联锁装置失效隐患，以及擅自更改、停用、拆除安全联锁装置或其他安全附件。

（1）加强快开门安全联锁装置等安全附件功能检查。《市场监管总局办公厅关于做好复工复产特种设备安全监管和服务保障工作的通知》（市监特设〔2020〕20 号）要求重点排查压力容器等承压类特种设备的安全阀、安全联锁装置功能等是否可靠。

（2）完善危险源分析，确保设备完整性。针对设备次要风险如内表面局部腐蚀减薄等问题，以及人为次要风险如超温或超压运行、带压拆卸等问题，生产单位有必要进行危险源分析。例如，针对事故设备故障可能的后果进行评估，可以结合开展 HAZOP 分析等方法，排除隐患，据此制定不同等级的检维修策略。

10.3 电梯篇——曳引与强制驱动电梯

10.3.1 事故致因

（1）设备原因。2017—2019 年发生 77 起曳引与强制驱动电梯事故，涉及设备原因的有46起，占比59.7%，主要表现为门锁、制动器、紧急报警装置、限速器和安全钳保护装置等主要部件损坏或功能失效。第一是与“门”有关的设备原因，有24起事故，占设备原因事故的52.2%，其中门锁故障18起，占与“门”有关原因事故的75.0%，占设备原因的39.1%；第二是制动器制动功能失效，有6起事故，占设备原因事故的13.0%；第三是轿厢内应急报警装置故障，有3起事故，占设备原因事故的6.5%；第四是限速器和安全钳保护装置失效，有2起事故，占设备原因事故的4.3%。

（2）人为原因。77起事故中，涉及人为原因的有61起，占比79.2%，主要涉及作业人员、乘用人员和物业管理人员。例如，维修人员人为短接门锁电气安全装置，以致验证层门、轿门闭合的电气安全装置失效，电梯“开门走车”；在进入轿顶或在轿顶作业时未将电梯置为检修运行状态，也未按下紧急停止按钮；在实施应急救援过程中不按规范作业。乘用人员擅自扒开电梯层门、救援过程配合不当、用物体（如电瓶车、棍棒等）阻挡电梯门等。物业管理人员违规使用三角钥匙和在应急救援过程中行为不当，擅离职守。

10.3.2　风险警示与防控

分析曳引与强制驱动电梯事故的伤害特征，对人员伤害较大的事故伤害特征为坠落（含解救被困人员过程中引发的坠落，占比44.2%）、挤压（含剪切，占比25.9%）、撞击（含冲顶、蹲底，占比15.6%）和困人（占比12.9%），共占曳引与强制驱动电梯事故的98.6%。

（1）坠落。坠落事故产生的原因，主要集中在与层门有关联的因素，如门锁、三角钥匙开锁装置和层门门脚等；作业过程中违规人为短接门锁造成门锁装置功能失效；物业管理人员在日常安全管理中擅自使用三角钥匙开启层门；现场救援处置不当。

1）改进电梯本质安全，如按照《电梯监督检验和定期检验规则——曳引与强制驱动电梯》（TSG T 7001—2009）第2号修改单中的要求，增加对门旁路装置、门回路检测功能的技术要求。

2）增加电梯维修人员的技能要求，如电梯维修人员应达到电梯中级工资质才能进行独立的维修作业。

3）建立电梯钥匙分级管理制度，对电梯三角钥匙、机房门钥匙、锁梯钥匙等实行不同等级的安全管理，尤其要确保三角钥匙不被滥用或误用。

（2）挤压（剪切）。这类事故发生的原因有作业人员人为短接门锁，造成“开门走车”；在轿顶作业过程中违反作业程序；制动器安全性能没有保持，造成轿厢意外移动。

电梯制造单位随机出品的电梯技术文件资料中应具有电梯安装、维修作业的指导书（现有的作业指导书太笼统，不具有电梯自身特点），包含重要零部件如制动器、曳引机、限速器、层门、悬挂系统维修调整细则，并公开这部分的基础技术资料。

（3）撞击、冲顶（蹲底）。分析其风险点，主要是制动器失效，或作业人员违反吊装工艺等，导致零部件脱落。

应提升电梯制动器的本质安全水平，电梯制造单位应提出制动器工作寿命和维修方法、检测方法，使得制动器安全性能可靠、可测、可维护。

（4）困人。分析产生的原因，主要是因电梯安全监测装置监测到电梯故障，电梯停止运行导致电梯轿厢困人。同时，电梯轿厢内应急报警装置故障，或现场救援装置失效或缺失；应急处置不力、人员脱岗等导致救援过程迟缓等。

1）落实生产单位主体责任，维持电梯的安全性能，尤其是保持应急报警、应急照明等装置有效。

2）落实使用单位主体责任，如值守制度、应急通信、人员培训等，保证电梯在使用过程中始终得到有效的安全管理和监护。

3）电梯制造单位编写符合电梯特点的救援程序。

10.4 电梯篇——自动扶梯与自动人行道

10.4.1 事故致因

（1）设备原因。2017—2019 年发生 9 起自动扶梯与自动人行道事故，涉及设备原因的有 3 起，占比 33.3%。从设备问题看自动扶梯与自动人行道的安全状况，主要是梳齿板缺、断齿，内盖板固定螺钉缺失，梯级与扶手带运行速度不同步。

（2）人为原因。2017—2019 年发生 9 起自动扶梯与自动人行道事故，涉及人为原因的有 6 起，占比 66.7%，主要涉及安装人员和维修人员，如未使用检修控制装置、桁架内作业时未切断主电源、出入口处未设置安全围栏等。

10.4.2 风险警示与防控

设备风险主要是梳齿板缺、断齿，内盖板固定螺钉缺失等。

人为风险主要是未使用检修控制装置、检修未切断主电源等。

（1）开展自动扶梯与自动人行道安全防护性能的研究，提升本质安全水平。例如，在自动扶梯上增加防止梯路意外移动的措施，增加对梳齿板异物卡入保护装置触发力的要求，增加防止乘用人员在乘用过程中坠落等的安全措施。

（2）针对自动扶梯和垂直升降电梯不同的技术特性，建议把自动扶梯维修保养作业人员资质证书单独立项，不与垂直升降电梯共享上岗资格，进行针对性的培训教育和独立考核上岗。

（3）针对自动扶梯开放性和大运输量的特点，应从场所适用性方面提出不同场所自动扶梯选型配置方面的要求，规定在自动扶梯的使用场所应建立必需的安全使用标识等。

（4）制造单位应增加和完善作业指导书，细化安装、维修、检测试验的作业方法和要求，并通过适当的方式向社会公布。

10.5　电梯篇——杂物电梯

10.5.1　事故致因

2017—2019年发生的90起电梯事故中有4起为杂物电梯事故，占比4.4%，其中人为原因主要表现为违规乘用杂物电梯、人为短接门锁回路；设备原因主要表现为层门机械锁紧装置失效。

10.5.2　风险警示与防控

设备风险主要是层门机械锁紧装置失效。

人为风险主要是人为短接门锁回路等。

（1）提升杂物电梯的本质安全水平，特别是提高杂物电梯层门、轿门锁紧装置（电气、机械）的安全可靠性。

（2）针对杂物电梯多在油污、潮湿、粉尘等环境下使用的情况，应提出相应的针对性安全技术要求，提升杂物电梯电气与机械部件防油污、潮湿、粉尘的能力。

（3）杜绝在餐饮场所、医院、学校等公共场所使用无证的杂物电梯和变相的井道升降机、传菜机。

10.6　起重机械篇

10.6.1　事故致因

（1）设备原因。2017—2019 年发生的 100 起起重机械事故，共涉及 25 起设备缺陷事故，占比 25.0%。其中安全保护装置缺陷事故 10 起（占 40.0%），机械部件（吊钩、钢丝绳、减速器、制动器、滑轮）缺陷事故 10 起（占 40.0%），电控缺陷事故 3 起（占 12.0%），钢结构缺陷事故 2 起（占 8.0%）。可见，安全保护装置如高度限位器的失效造成人员伤亡已占起重机械事故总数的 10.0%。

（2）人为原因。2017—2019 年发生的 100 起起重机械事故，涉及人为原因的共有 92 起（占比 92.0%），主要由司机（74 起，占比 80.4%）、维修人员（12 起，占比 13.0%）、现场人员（3 起，占比 3.3%）、拆卸人员（1 起，占比 1.1%）、指挥（1 起，占比 1.1%）、司索工（1 起，占比 1.1%）等的不安全行为造成。

（3）环境原因。从 2017—2019 年起重机械所发生的 100 起事故分析，与环境原因相关的事故并不多，主要有存在操作盲区（12 起，占比 12.0%），移动起重机与固定物的安全距离过小（2

起，占比 2.0%)，吊运熔融金属（1 起，占比 1.0%)，夜间作业（1 起，占比 1.0%）等。

10.6.2 风险警示与防控

（1）注重起重机本质安全，改善安全保护和监测装置。司机操作时疏于观察使吊钩不断上升，而起升机构上升限位器（安全保护装置）失效，吊钩组上升到极限位置冲顶拉断钢丝绳致吊钩组坠落造成的事故有 10 起，占事故总数的 10.0%。目前国内大量生产和使用的起重机起升机构大多采用两种结构的上升限位器，一种是断火限位器，一种则是重锤式高度限位器。这两种上升限位器在长期使用后由于导杆或杠杆的变形、钢丝绳在卷筒上乱绳等多种原因会失效。虽然我国曾把上升限位装置作为安全部件纳入强制型式试验范畴，但断火限位器和重锤式高度限位器都是与产品连在一起才起作用的，无法单独取下来在实验室对其进行型式试验。如果只测试行程开关又没有起到验证整体安全可靠性的作用，实际对这类上升限位器的型式试验处于失控状态。目前国外已不采用这两种方案，大多采用一种齿轮传动式的高度限位器，不但安全可靠、定位精准，而且可以在多个任意位置进行多重限位设定，最大限度防止冲顶事故发生。

从起重机械事故的伤害特征分析，占比最高的是吊重或起重机运行部分对现场人员的碰撞，其中起重机启（制）动惯性作用造成吊载摇摆发生碰撞的事故占比 90.0%。目前起重机已有防摇摆技术，如果有条件安装起重机吊载防摇系统，不但能够提高搬运效率，也能提高起重机的安全性。

港口、码头装卸作业中，因司机的作业盲区造成的事故平均占比近 70.0%，已成为港口装卸的主要事故源。解决司机的视线盲区问题，可以在起重机臂架的端头增加辅助摄像装置，或者增加作业指挥人员，这些最好要在港口装卸的安全作业规程中做出强制要求。

（2）加强培训考核，大幅减少司机引发的事故。在起重机械事故直接原因中，占比最高的是司机，共造成74起事故，占事故总数的74.0%，死亡总数占比69.6%，受伤人数占比90.9%。司机的不安全行为如违反“十不吊”典型违章操作行为。

《特种设备作业人员考核规则》（TSG Z 6001—2019）将起重机地面操作人员、遥控操作人员和司索工都排除在了强制取证范围之外。根据事故统计结果，在74起由司机引起的事故中，有19起事故是地面操作司机违章作业引起的，占25.7%。建议在法规中明确这类司机也需要接受培训和考核，只是此项工作可以由用户单位参照《特种设备作业人员考核规则》（TSG Z 6001—2019）的要求自己组织或委托专业培训机构来完成。

（3）逐步调整监管重点，以适应当前起重机制造业从以生产钢结构为主的生产模式向以智能制造为主的生产模式转变的发展趋势。目前我国对起重机的监管重点放在了起重机金属结构上。例如，制造许可条件中最主要的工作场所、生产设备与工艺装备、检测仪器等，以及对主要受力结构件不准分包的严格管理措施等都是针对钢结构的。这也和我国起重机制造单位大多以生产钢结构为主的生产模式相一致。从对事故的分析结果看，设备缺陷造成的起重机械事故中，由金属结构件引起的只占8.0%，而由传动部件、安全保护装置、电控装置缺陷引起的事故占92.0%。因此，为了有效减少事故发生，需要将监管的重点由起重机金属结构逐渐向传动和控制转移。

随着我国大力推进智能制造，越来越多的起重机应用于全自动生产流水线、无人车间和智能码头，但涉及智能起重机安全的法规和标准目前严重缺失。例如，本质安全要求、首检和定检的技术内容应进行研究和补充。

（4）从危险源入手完善标准规范。我国目前有起重机国家标准和行业标准389项，是世界各国中最多的，但大多为面面俱到、细分成各类具体品种的产品标准，专门涉及起重机安全的标准寥寥无几。建议学习欧盟标准的模式，根据已发生的大量起重机事故，统计编排出我国产品在设计、制造、工艺、检验、安装、调试、使用、维护、修理、改造、拆卸等过程中可能会发生的起重机事故的危险源，再据此提出适合我国国情的安全要求、防护措施及检验规则。

在经验积累的基础上制定出所有起重机的报废标准，从根本上解决老旧起重机的报废和退出机制。由于缺乏起重机的报废标准，定检规则中没有对起重机性能衰退过程的验证和记录，也没有对起重机的判废条款，检验机构只能按期发放使用许可证。目前吊运熔融金属起重机的报废标准已经出台，建议尽快积累数据，对起重机整个使用周期的劣化情况及剩余寿命做出判断。

10.7 大型游乐设施和客运索道篇

10.7.1 事故致因

（1）设备原因。15起事故中，有8起与设备原因有关（占比53.3%），涉及安全束缚装置失效（4起，占比26.7%）、电气传动控制部件失效（3起，占比20.0%）、钢结构件失效（1起，占比6.7%）。

（2）人为原因。15 起事故中，14 起事故均涉及人为原因，包括安全检查不到位（6 起，占比 40.0%）、未禁止不适宜人员乘坐（2 起，占比 13.3%）、应急处置不力（2 起，占比 13.3%）、未告知乘客安全事项（1 起，占比 6.7%）、操作视野存在盲区（1 起，占比 6.7%）、设计变更未履行规定审批程序（1 起，占比 6.7%）、维护保养不当（1 起，占比 6.7%）。

10.7.2　风险警示与防控

设备风险主要是安全束缚装置和电气传动控制失效，占事故总数的 46.7%，占设备原因的 87.5%；人为风险主要是安全检查不到位和未禁止不适宜人员乘坐、应急处置不力，占事故总数的 66.7%，占人为原因的 71.4%。

（1）安全束缚装置。关于安全束缚装置风险防控建议措施，《市场监管总局办公厅关于开展大型游乐设施乘客束缚装置安全隐患专项排查治理的通知》（市监特〔2018〕42 号）已有明确要求。例如，上述文件附件《大型游乐设施主要乘客束缚装置功能要求》主要从本质安全角度，针对安全束缚装置失效的风险，明确符合相关条件的大型游乐设施应增加乘客束缚装置闭合并锁紧与设备启动自动联锁或人工联锁功能，优先选用自动联锁；增加乘客束缚装置防止乘客自行打开功能要求，只允许操作人员手动或自动释放束缚装置，以便为游客提供多重保障。检验机构检验时应加强对乘客束缚装置锁紧力及自动联锁或人工联锁、防止乘客自行打开等功能有效性的确认。

同时，该文件针对安全检查不到位的风险、乘客未脱离即误操作启动的风险，以及吊篮固定挂钩未挂的风险、未禁止不适宜人员乘坐、未告知乘客安全事项的风险等均提出了相应要求。

《市场监管总局办公厅关于做好复工复产特种设备安全监管和服务保障工作的通知》（市监特设〔2020〕20号）要求重点排查机电类特种设备的安全保护装置，特别是大型游乐设施的安全压杆、安全带等乘客束缚装置，对客运索道还要排查吊具护栏、脱索保护功能等是否可靠。

（2）电气传动控制部件。

1）明确大型游乐设施维护保养资质和准入门槛；试行维护保养单位等级评价，由第三方对维护保养单位予以等级评级；推广制造单位实施设备维护保养。

2）建立大型游乐设施从业人员信用记录，作为行业准入的前置条件。

3）大型游乐设施的经营使用单位应根据本单位的实际情况，自行或委托专业机构进行设备风险辨识。

4）建议在法规规范安全基本要求中增加关键部件型式试验可靠性等级要求、强制报废要求和适用条款。

10.8 场（厂）内专用机动车辆篇

10.8.1 事故致因

（1）设备原因。2017—2019年场（厂）内专用机动车辆事故中有明确设备故障隐患的共8起，分别为工作装置失效或错装（货叉锁止装置功能失效、货叉反装、料斗没有采取防脱落加固措施、油缸耳环连接处断裂等）4起，占比50.0%；制动器失效2起，占比25.0%；电气装置故障（电源插接器接触不良）1起，占比12.5%；整车配置不全（后视镜缺失）1起，占比12.5%。

（2）人为原因。人的不安全行为主要有行驶中瞭望不足、操作失误、货物未可靠固定、视线受阻时正向行驶、超速行驶、超载、行驶中门架或货叉未落到低位、叉齿上违规站人、应急处置时未停车熄火等。

（3）环境原因。2017—2019 年场（厂）内专用机动车辆 140 起事故中事故原因涉及环境原因的有 18 起，占比 12.9%。18 起环境原因中涉及坡路的有 5 起（占比 27.8%），涉及地面不平的有 4 起（占比 22.2%），涉及窄小场地人车交叉的有 4 起（占比 22.2%），涉及道路宽度不足的有 3 起（占比 16.7%），涉及光线变化和噪声因素的各 1 起（分别占比 5.6%）。

10.8.2 风险警示与防控

设备风险主要是工作装置失效或错装（如货叉锁止装置功能失效、货叉反装等）、制动器失效等。

人为风险主要是行驶中瞭望不足、操作失误、货物未可靠固定、视线受阻时正向行驶等。

（1）应定期对工作装置进行检查和维护保养，不得随意对货叉进行违规改装，不得野蛮操作和超载使用；定期检查刹车系统，每次出车前都应对刹车系统进行检查，查看踏板的行程、阻力，确保处于正常状态；定期检查各类插接器、接触器等是否安装牢固，经常检查电控连接处的各个连接头，是否存在打火、松动、变颜色的地方，检查各个插头处是否存在腐蚀氧化，如果有应尽快处理。

（2）场（厂）内专用机动车辆事故主要发生在行驶和拆垛与堆垛作业过程中，而行驶过程中发生的事故占了很大的比例，建议借鉴公路交通管理的一些成熟经验，如累积记分制和罚款制等，将之用于场（厂）内专用机动车辆的行驶管理。

（3）基于事故场景，强化驾驶员的培训和继续教育，尤其是行驶中的观察瞭望、超速、超载、载货稳定性等，避免疲劳驾驶。

（4）应加大技防方面的投入力度，推广人脸识别、指纹或者IC卡技术的应用，从硬件上防范无证人员上机操作的情况发生；推广对超速行驶、超载作业、不系安全带、转弯未减速、视线受阻正向行驶等危险行为的实时检测报警技术，充分运用现代物联网技术，建立叉车作业管理的后方控制平台，以减少操作失误情况的发生。

10.9 气瓶篇

10.9.1 事故致因

（1）设备原因。11起事故中，涉及设备原因的仅有1起，占比9.1%，占已有调查报告明确调查结论8起事故的12.5%。导致气瓶事故发生的设备原因是瓶体与瓶阀连接螺纹副松动，相互啮合的螺纹牙减少，无法承受气瓶内压产生的轴向拉力，致使瓶阀和瓶体分离。

（2）人为原因。11起事故中，涉及人为原因的有7起（占比63.6%），占已有调查报告明确调查结论8起事故的87.5%。导致气瓶事故发生的人为原因主要表现为擅自开阀试压或排气或未关紧阀门（其中开阀试压或排气3起，未关紧阀门1起）、过量充装（2起）、变更介质（1起）、擅自加厚爆破片（1起）、氧气瓶内部混入油脂（1起）、使用报废气瓶（1起）。

10.9.2　风险警示与防控

设备风险主要是瓶体与瓶阀连接螺纹副松动导致强度失效。

人为风险主要是擅自开阀试压或排气或未关紧阀门、过量充装。

（1）禁止复用拆卸过的瓶阀，定期检验时对该瓶体与瓶阀螺纹连接可靠性进行检查，使用和充装前也要对连接部位、气瓶混入油脂等情况进行检查确认。

（2）规范操作培训。例如，严禁擅自开阀试压或排气，严禁过量充装，严禁介质混用、擅自改变低温绝热气瓶爆破片型号、使用报废气瓶等。

10.10　压力管道篇

10.10.1　事故致因

（1）设备原因。在6起压力管道事故中，涉及设备原因的有5起，占比83.3%。设备原因主要有焊缝质量不合格（3起，占比60.0%）、阀门结构不合理（1起，占比20.0%）、膨胀节失效（1起，占比20.0%）。

（2）人为原因。6起压力管道事故均涉及人为原因，其中主要为人为原因的有1起，其余5起既有设备原因又有人为原因。人为原因主要表现为施工质量不合格（3起，包括焊接、埋深、回填土不合格）、带压拆卸（1起）、擅自变更阀门结构（1起）、未发现部件超标缺陷（1起）、应急处置不当（1起）。

10. 10. 2　风险警示与防控

设备风险主要是焊缝质量不合格、阀门结构不合理和膨胀节失效。

人为风险主要是施工质量不合格、带压拆卸、擅自变更阀门结构和未发现部件超标缺陷等。

（1）施工单位应加强焊接质量控制，规范施工操作。杜绝焊工无资格或超范围焊接作业、焊接施工工艺不符合焊接作业指导书和图样要求、带压拆卸等现象；强化管道安装告知，接受监督检验。设计单位严格执行设计变更法规规定。

（2）使用单位应加强对埋地管道本体及元件在役腐蚀、开裂等在役损伤的风险评估和定期检查。必要时进行剩余寿命评估，及时更换。